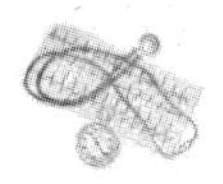

青少年科普故事系列

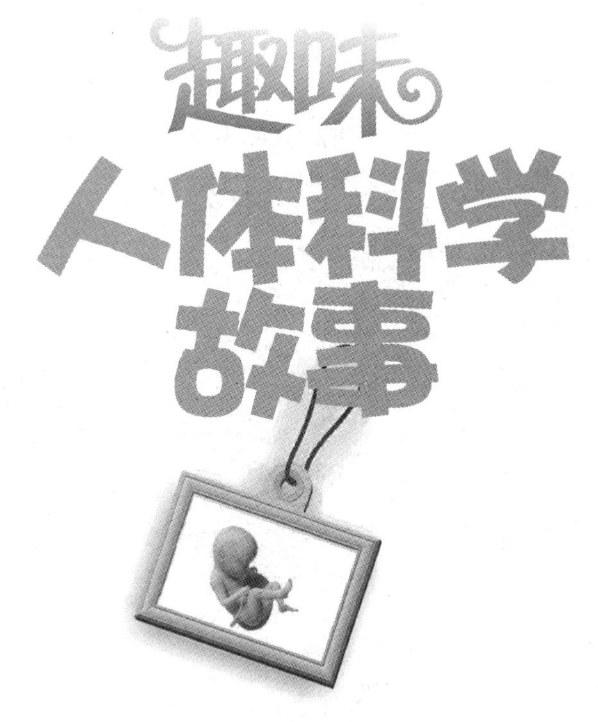

趣味人体科学故事

周爱农 主编

西北工業大學出版社

图书在版编目(CIP)数据

趣味人体科学故事/周爱农主编．—西安：西北工业大学出版社，2013.3(2015.5重印)

(青少年科普故事系列)

ISBN 978-7-5612-3643-7

Ⅰ.①趣… Ⅱ.①周… Ⅲ.①人体科学—青年读物 ②人体科学—少年读物 Ⅳ.①Q98—49

中国版本图书馆CIP数据核字(2013)第062143号

青少年科普故事系列·趣味人体科学故事　　周爱农　主编

出版发行：西北工业大学出版社

通信地址：西安市友谊西路127号　　邮编：710072

电　　话：(029)88493844　88491757

网　　址：www.nwpup.com

印　　刷：陕西宝石兰印务有限责任公司

开　　本：710mm×1 000mm　1/16

印　　张：10

字　　数：146千字

版　　次：2013年10月第1版　　2015年5月第2次印刷

定　　价：20.00元

前　言

人体科学与其他自然科学一样，是前人在漫长的历史中不断地探索、实践和积累知识的过程中发展起来的。“你须知道自己”，这是古希腊哲学家苏格拉底的一句名言。对这句话，无疑可以从多方面去理解，但其中必然包括对自身的认识。

我们知道，人类是由灵长类动物类人猿进化而来的，而根据进化理论和生物考古学证实，任何高一级的生命形态都是由低一级的生命形态进化而来的。从无生命到有生命，从低级生命到高级生命，这是数十亿年的一个漫长而艰苦的历程。人类出现至今二三百万年了，然而人体是非常复杂的，可以说人类存在的时间有多长，人类对自身机体的研究历史就有多长。古人对人体和动物的内部结构认识是极不完整的，当时搜集有关人体结构的知识主要是以研究和治疗人体疾病为目的，后来才发展成为专门的科学。

西医学认为，人体是由细胞组成的，这些细胞构成了人体的组织。人体有四种基本组织，即上皮组织、结缔组织、肌肉组织和神经组织。几种不同的组织结合成具有一定形态和功能的结构叫器官，如心、肺、肾和胃等。若干器官联合在一起完成一个共同性的生理功能构成系统，如人体有运动、消化、呼吸、泌尿、生殖、内分泌、感官和神经等系统。各系统在神经、体液的调节下，彼此联系，互相影响，构成一个完整的有机体。

中医学认识人体是通过一些解剖知识，再根据人的症状和表现归纳总结出来的。中医学把人体结构分为脏腑、经络、气血津液三大部分。人体生命活动的中心是五脏六腑，由脏腑活动生成的气血津液是人体进行生理活动的物质基础，遍及全身的经络是玄妙的“高速公路”，负责传递生命必需的信息与物质。当“高速公路”出现中断或堵塞，生命就受到威胁，人体就会出现许多疾病。

要正确使用自己的身体，当然首先要正确认识人体。如果我们对于人体常识毫无所知，只是每天都在使用自己的身体，透支脑力和体力，而不知道爱护和保养，那么身体就会吃不消，就会生病。而了解一些人体常识之后，就能适当地改善生活方式，把不健康的生活方式改掉，让自己生活得更加健康，减少疾病的发生。

为了帮助读者认识人体，这本书将会告诉读者关于人体的许多科学、有益、有趣的知识。为了使有趣的信息能够更好地被青少年读者接受，我们把这本书分为三部分，以讲故事的形式把古今中外许多著名科学家的伟大创举，揭开人体奥妙的一项项伟大发现以及人体科学的未来发展一一展现在读者面前。希望青少年朋友从这本书中多吸取现代科学知识的营养，使自己的视野更广阔、思维更活跃，动手动脑能力得到更进一步提高，将来成长为国家的栋梁之才，为祖国迈入世界科技强国之林而努力奋斗。

好了，希望你能一页页地认真读完本书，希望你多了解一下奇妙的人体。

编　者

2013 年 1 月

目　录

人体学科猜想

人体学家

人体重大发现

人体学科猜想

人类体能极限

人类体能的极限在哪里？近百年以来，人们都寄希望于通过田径运动不断挖掘人的体能极限。从生物学角度来看，人体运动能力受机体的身体形态、生理机能和运动素质所制约，其运动能力是必然有极限的。每次国际性田径大赛中，男子100米赛跑纪录之所以格外引人注目，因为它标志着人的体能速度方面所能达到的极限。

生物化学家认为，人体内的能量供应系统分为几种不同方式，当人们从事不同运动项目的时候，人体会根据运动方式、强度、持续时间等因素以不同方式供应能量。在百米赛跑这样的高速运动项目中，身体肌肉需要不断的收缩、舒张从而驱动运动员持续加速前进。在这一过程中，

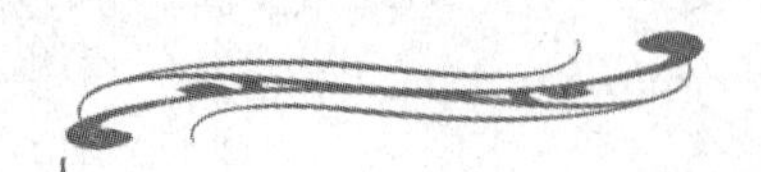

三磷酸腺苷是肌肉运动的直接能量来源，但遗憾的是体内现成可用的三磷酸腺苷非常之少，只够肌肉运动1～3秒，随后机体会利用体内的磷酸肌酸启动应急合成过程，继续为肌肉运动提供三磷酸腺苷，但这也只能支持5～8秒的时间。接下来人体就要启动糖酵解系统参与供能，此时人类的奔跑速度会相应下降。

根据三磷酸腺苷的合成与释放速度，体育界有很长一段时间一直把10秒看作是人类百米赛跑项目的运动极限。1968年墨西哥奥运会上，美国运动员海因斯在100米赛跑决赛中首次突破10秒大关，以9秒95的成绩创造了新的世界纪录，同时也宣告这一极限被攻克。

20世纪70年代，美国生物机械学家阿里尔曾经利用人体工程学的方法来预测百米赛跑的极限速度，他认为机体超过某个临界速度时，可能会导致骨头断裂和关节软组织脱离。这个临界点是9.64秒。根据人身体对抗空气的阻力、体重对地面作用后的反作用力等因素计算，当人类的百米赛跑时间超过这一极限时，肌肉就有断裂的危险。然而，在2008年召开的北京奥运会上，虽然博尔特并未突破阿里尔博士预测的极限速度，但他的状态清楚地表明9.69秒这个世界纪录对他而言并不在话下，博尔特在冲刺前的减速显然也非出于担心肌肉断裂和软组织脱离。

随着体育科学的研究深入，人们意识到运动能力是一个由身体形态、生理机能、运动素质、心理素质、运动智能、运动技术等各级子系统有机结合的高度综合的多指标控制系统。对这样的系统进行预测，涉及了大量已知和未知的因素。根据上述的一大堆数理模型和计算公式，科学家纷纷对运动极限做出了自己的预测。

德国蒂尔贝格大学的运动极限领域专家安马尔通过运算，预测男子百米赛跑世界纪录最多还能缩短0.5秒。现在的世界纪录保持者博尔特能跑9.72秒，却可能永远无法达到9.20秒。然而，英国牛津大学的安泰特姆也做了个统计学的分析，他预测2156年男子能跑到8.098秒，而女子的百米赛跑速度将超过男性，最好成绩能达到8.079秒。

2007年，法国生物医学和流行病学研究所对1896年第一届现代奥运会以来的3 260项世界纪录和多个体育运动项目做了分析。据科学家们测算，19世纪的体育运动员在比赛时只使用了75%的体能，现代运动员在比赛中为了发挥得绝对出色，这个比例则上升到99%。也就是说人类已经将体能发挥到极限了。科学家通过测算得出具体的时间——2060 年，也就是说，到那时体育领域内将不会产生新的世界纪录。而当前人类创造的一些纪录有可能永远不会被打破，比如由美国女子短跑运动员格里菲斯·乔伊纳创造的100 米 10.49 秒和 200 米 21 秒 34 的两项短跑世界纪录至今无人能够接近。

知识链接

在人类体能遭遇极限的情形下，新兴的极限运动却悄然兴起。冲浪、滑雪板等运动项目开始流行，滑板、直排轮滑、特技单车也成为极限运动会的主题。创新的科技和选手的努力给极限运动带来前所未有的发展机遇，也开辟了一片新的运动场。

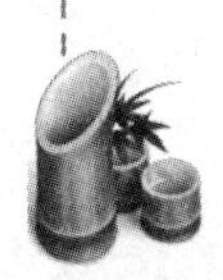

未来人的模样

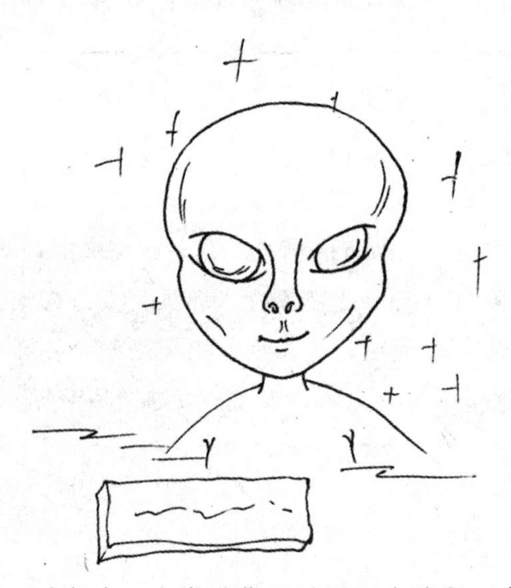

根据公认的正式年表，人类进化经过了四个阶段：南方古猿、能人、直立人和智人。那么，人类现在是否还在进化呢？

从文艺复兴时期起，艺术家就赞美人体是世上最精妙的造化。然而尽管已经过长期的进化，人体其实并不完美。比如，直立行走使人类较容易患上脊柱和膝关节疾病，肝脏和心脏总是不能承受饮酒和肉食的健康代价，而呼吸道和消化道交叉又使人吃东西时不小心会被噎死。在预见危险、夜视能力和再生能力等方面，人都不如很多动物。

人类学家曾经认为20万年前现代人出现之后，人类进化就定型了。但近年遗传学家却通过对东非一些部族的研究获得惊人发现——直到最近3 000年，人类仍在进化。那么，未来的人将是什么样子呢？

英国古生物与古人类学家多格尔·狄克森在他的《人类之后》一书中描述的是这样一副未来人的尊容："浑身呈鳞茎状的、布满红色脉管的动物"，有着一双"有力的爪子"，能够"展开蘑菇似的鳍状器官，吸收太阳的热量"。为了获取营养，就"用1支从腹部延伸出来的大脉管，吸取湖中的蓝绿色的藻类"。然而他有一张"人类的脸"。这位科学家肯定地说："这种古怪的动物就是我们的后裔——50万年后的人类。"

加拿大的人类学家从“进化”角度推论，人类的智力水平越来越高，科技的发达则使肢体萎缩，于是他们认为，未来人将是“恐龙人”，模样是大脑袋、大眼睛，四肢则细长纤小。

几位美国老年学家认为：现代人的很多毛病都与靠两条腿走路有关，膝盖骨是骨骼的一部分，常因摔倒或被撞击而受损。为了减少损伤，未来人得改变膝关节的结构，到那时，人类的膝盖不仅可以朝前弯，还可以向后弯。为了保持因年岁增长而自然变弱的听力，未来人的耳郭将扩大，而且能像有的动物一样，朝声源方向转动。经过如此这般改造后，人可以活到200岁左右。这几位美国老年学家断言，就凭遗传学、医学和生物学现在发展的速度，50～100年后要使人体结构产生这些变化轻而易举。

一位俄罗斯解剖学家认为，未来人为更好地保护腹腔，还得增加几根肋骨；骨头变得粗大，皮下脂肪层更加结实，这可以防止摔倒时骨折；为防止血液因停滞过久而腐败，静脉里得添置一些专门的瓣膜；韧带变粗，可防止脱臼和扭伤。由于身高缩减和身子往前倾，摔倒的概率就少得多，脊柱缩短后，骨盆同颅骨的距离拉近，肩胛骨几乎就在髋关节上。这样一来，人从外形看很像一只大青蛙。

英国伦敦大学达尔文研究中心的柯里博士认为：由于食品、教育和居住环境的改善，加上遗传工程、整形手术和性选择等条件的刺激，1 000年后，男性平均身高1.85～2.15米，人类平均寿命达到120岁。由于不同肤色人种互相结合，公元3000年人类都将“融合”成咖啡色皮肤。而1万年后，由于过分依赖技术和医学，人类进化将走下坡路。加工食品的盛行，导致人类的咀嚼功能弱化，每个人都是一副娃娃脸；更为尖端的科学技术将使人类更少依靠他人，本能地避开交往，变得自私和以自我为中心。基因将越来越相似，外表和思想都同质化。人甚至将拥有一些家畜的特征：体弱、低能、贪吃、骄纵和幼稚。最惊人的是10万年以后的推测：人类将分化成两个不同亚种，一支更高、更瘦、更健康、更具创造力，另一支更矮、更结实，相对愚钝。至于100万年后，想必人类已向其他太阳系的行星移民。由于重力、时间、气候和生态系统等各不相同，而且相距遥远，这将构成典型的物种形成条件。居住在体积大、运转慢、阴暗寒冷的行星上的人将进化成类似现在的爱斯基摩

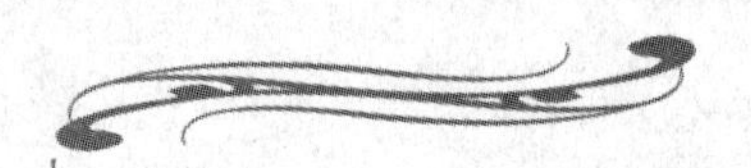

人，矮壮、代谢慢、生理节律长、皮肤苍白。居住在小而快的温暖行星上的人则可能像传说中的努比亚人，瘦高而肤黑。也许那里的人种要按天体称为仙女座人或猎户座人。

我们承认人类的外形将有所变化，但相信这种变化微小，不可能变得“面目全非”。掌握了自己命运的万物之灵的人类，是绝不允许倒退的，也决不会允许自己长成一副似人非人、似鸟非鸟的丑八怪。总之，未来人类一定会生活得更好，一定会通过必要的劳动和运动，使自身变得更加健美、体型更加匀称、精神更加饱满！

知慧人生

人类有一个光辉的过去，也将有一个更加光明的未来。人类的智慧和理智将不断地克服各种困难，人类将不断地改造自身，克服自己的弱点，使自己与大自然保持和谐与协调。这样看来，人体结构的总趋势势必会朝着越来越完善、越来越好的方向发展。

人类的寿命

长寿是人类自古以来的期望。随着生活水平的提高和医学技术的进步，现代人的平均寿命不断提高，百岁寿星越来越多。人究竟能活多久？

据考古学家的研究，大约50万年前，地球上人口还不到1 000万人，而且平均寿命不超过10岁，后来，人类懂得了制造和使用工具，食品供应增加，寿命延长。石器时代，平均寿命延长到20岁，青铜器时代为21.5岁。

人类进入文明社会以后，平均寿命有所延长。据有关资料证实，古希腊人的平均寿命估计是20～30岁；古罗马人是15～30岁；中世纪英格兰人的平均寿命估计是33岁；随着工农业和科学技术的发展，人的寿命又有了大发展，18世纪为28.5岁，19世纪延长到40岁。1985年世界平均预期寿命达到62岁，其中发达地区为73岁，发展中地区为59岁。1995年，全世界人均寿命已达到65岁。2007年，世界人均寿命最长的是日本，男性平均79岁，女性平均86岁。在我国，1947年平均寿命为35岁，2007年提高到72.5岁。

人的寿命界限到底有多大呢？对于这个问题历来的科学家们说法不一。2007年，英国著名的生物学家巴封发表了一项让人惊诧的研究成果，他认为人的寿命可以延长1倍。巴封指出，哺乳动物的寿命一般为生长期的5～7倍，例如牛的生长期约6年，因此它的寿命就约为30～42年。

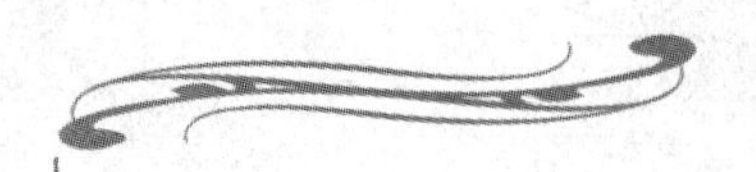

而人类的生长期约 20～25 年，那么人类的自然寿命当然应为 100～175 岁。

巴封认为，100～175 岁是人类的自然寿命。之所以人类目前的平均寿命不足自然寿命的一半，甚至远不及其他哺乳动物相对长寿实在是事出有因。这主要有四个方面的原因。首先，运动姿势的变化。人类从爬行进化到双足直立行走，骨骼、关节、肌肉、韧带等运动幅度缩小，脊柱负荷重，大脑位置高，易缺血缺氧，心脏功能减退，大脑、心脏、脊椎易患病。其次，呼吸方式改变。哺乳动物为腹式呼吸，肺活量大。人类胎、婴儿以腹式呼吸为主，学会走路后改为胸式呼吸为主，大部分肺细胞闲置，肺功能退化，影响长寿。再次，消化功能萎缩。人类消化功能明显退化，咀嚼能力下降，吞食能力几乎丧失，胃肠菌群衰退，易出现代谢等疾病。最后，循环功能退化。舒适的环境使人类变懒、生活方式不良、心血管锻炼少，全身微循环系统退化，心脑血管易硬化。此外，人类神经系统和智力高度发达，心理情绪却复杂、恶化，饮食失衡，免疫力下降，都是人类的短寿因素。鉴于这种种的原因，巴封认为，合理运动、饮食均衡、心理调节等，是人类恢复自然寿命的长寿方向。

科学界目前认为：人的寿命主要通过内外两大因素控制。内因是遗传。遗传对寿命的影响，在长寿者身上体现得较突出。一般来说，父母寿命长的，其子女寿命也长。外因是环境和生活习惯。许多研究表明，通往长寿之路的关键还在于个人科学的行为方式和良好的自然环境、社会环境。完全按照健康生活方式生活，可以比一般人多活 10 年，即活到 85 岁以上。

超级大脑之谜

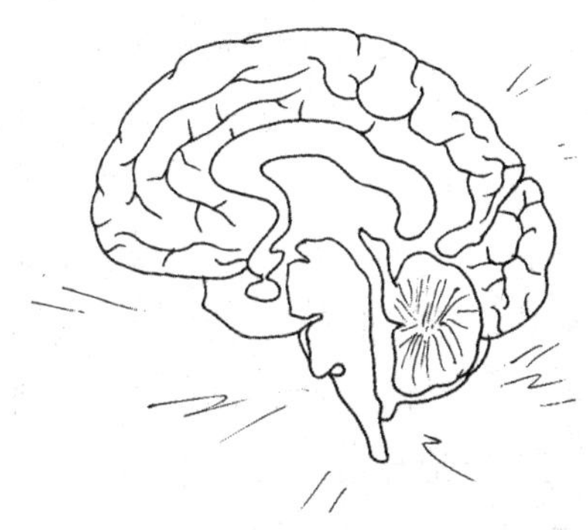

谁不想有个聪明的脑子？然而，什么样的脑子才算是聪明的呢？有人说“脑大聪明”。他们以为，聪明人的脑子一定是又大又重，这种说法起源于 1832 年。当时，法国学者在解剖已故动物学家居维叶时发现，他的脑子重量要比一般人重 400 多克，而居维叶曾被选为法国科学院院士、有过《地球表面的生物进化》和《比较解剖学教程》等众多著作，在科学史上是占有一席之地的著名学者。因为居维叶的脑量重，“脑大聪明”之说就流传了开来。

总体说来，在从猿向人的进化过程中，脑量的大小和重量都是逐步增加的。大猩猩脑重不足 500 克，南方古猿脑重 700 克，北京猿人的脑重是 1 075 克。那现代人的脑重呢？据统计：现代成年男性大脑平均重 1 325 克，成年女性重 1 144 克。而鲸的脑重有 7 000 克，象的脑重有 5 000 克，海豚的脑重有 3 000 克，都比人脑重得多，虽说鲸、象、海豚也很聪明，可它们的智力与人类却无法相比。再以脑量比较而论，长颈鹿的脑重是 700 克，狗的脑重仅 70 克，而狗的智力绝不比长颈鹿差。当然，如果以脑重与体重相比，人的脑重约是体重的 1/50，而象的是 1/1 000，鲸的是 1/25 000。就相对重量说，人的脑重在生物界是占第一位的。

从整个动物界来看，脑子的大小和智慧的高低有一定的关系，但并不是“脑重决定一切”。有人曾经研究过几十个有一定成就的科学家、文学家等著名人物的解剖材料，发现他们的平均脑量同正常人差不了多少。有意思的是，俄罗斯著名作家屠格涅夫的脑重是 2 012 克，曾获得 1921

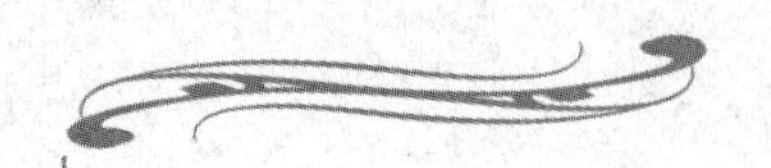

年诺贝尔文学奖的法国作家佛朗斯的脑重却只有 1 017 克。如此看来，聪明与否并不在于脑的大小，而可能与大脑的结构有关。于是许多科学家对此进行了多年的探索，至今才渐露端倪。

爱因斯坦是当代最杰出的天才之一。他 26 岁时就发现了相对论，发现了布朗运动的原理，对光电效应作了光量子解释。这三项都是世界一流的成就，每一项都有资格获得诺贝尔奖。人们猜想，作出这些发现的爱因斯坦的大脑一定与众不同。于是，在他 1955 年去世后，生理学家赫佩伊解剖并保管了他的大脑。美国神经解剖学家达阿蒙托从赫佩伊处得到爱因斯坦的大脑切片标本后，把它与另外 11 个普通人的大脑切片进行比较研究，发现爱因斯坦大脑的神经元附近的胶质细胞特别丰富，数量比一般人要多 73%。这个结论与达阿蒙托的动物脑研究的结果是一致的。她曾对在丰富环境下和单调环境下生长的老鼠的脑组织进行比较研究，发现前者的大脑重量不仅比后者重 10%左右，而且神经元附近的胶质细胞特别丰富。胶质细胞对大脑功能肯定有十分重要的作用，是成为天才的一个重要原因。

现在，脑科学家正在揭示胶质细胞在思维、认识中究竟起什么作用，它的生长需要什么条件。如果对胶质细胞有了较深入的认识，就有可能有效地促使胶质细胞生长，推动天才大脑的诞生。

学科展望

科学家正在设想把智能纳米机器人通过毛细血管植入人脑，与人的生物神经细胞直接交互作用，让人类更加聪明、记忆力更好。此外，让机器与人类合二为一还有助于提高人体健康水平。

唾液新发现

唾液是一种无色且稀薄的液体，人们俗称口水。人的口腔里始终保持着湿润，这就是唾液不断分泌的结果。

因为有唾液，口腔温暖湿润，成了细菌趋之若鹜的“乐园”。人所共知，口臭并非疾病，主要是口腔卫生不良所致。然而，随着社会的进步、卫生知识的普及，大多数人已养成了良好的口腔卫生习惯，但仍然摆脱不了口臭的困扰，人们不禁要问：口臭的原因究竟何在？科学家后来在唾液中寻找到了答案。原来，口臭源自蛋白的分解物，而蛋白的分解需要依赖一种由细菌分泌、存在于唾液中的蛋白酶。

唾液中不仅含有导致口臭的“坏”蛋白，还有方便诊断的“好”蛋白，心肌酶就是其中的一种。当人患心脏病时，心肌会不时地发生缺氧，这时心肌酶就会产生，经由机体内的各种循环系统，唾液中也会出现心肌酶的身影。因此取少许唾液，对其中的心肌酶加以检测，便可帮助诊断心脏病。目前心脏病的最佳诊断方法是心电图，不过即便是经验丰富的心内科医生亲自上阵，依据心电图得到的信息来判断心脏病的有无，也只能实现 75％的正确率。经测试，将心电图和唾液心肌酶检测相结合，可以实现高达 95％的正确率。有专家认为，在不远的将来，唾液检测法有望成为救护车上使用的标准检测方法。

由于唾液的取样比血液、尿液等其他体液方便很多，科学家挖掘出

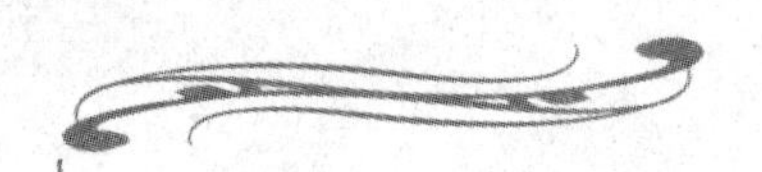

了越来越多的唾液新功能。比如唾液中含有的免疫球蛋白 A 就能够帮助人们衡量自身的免疫力如何，这种蛋白原本发挥的是抗菌作用，英国研究人员发现唾液中这一蛋白的数量与人体免疫力呈正相关。他们花费了 3 年多时间，对 38 位参加过美洲杯帆船赛的赛手进行了测试，观察到大约有 3/4 的赛手在患上感冒前的两周时，尽管当时感觉良好，但唾液中免疫球蛋白 A 水平已经急剧下降。这一结果启发研究者去发明一种家庭用便携式的检测装置，在免疫力低下时及时提醒采取措施，以防疾病袭扰。

很多人都曾注意到，不少动物在受到外伤时，会通过舔舐伤口来促进愈合。在人体中，研究者也观察到，拔牙造成的创口愈合速度比身体其他部位同等级别的伤口要快很多。这些现象让科学家推测：或许这些促进愈合的物质存在于唾液之中。后来，荷兰一个科研小组发现了其中的奥秘。他们首先从人的口腔中采集到一些上皮细胞，然后置于培养皿中培养。在增殖的细胞布满培养皿后，研究人员利用人工手段，在细胞层中划去一小片，模拟出一处伤口，接着用人的唾液来处理这些细胞。18 小时后，奇迹出现了。经过人唾液处理的模拟伤口差不多完全愈合，而未经处理的对照伤口则几乎无变化。随后科学家利用各种技术手段，把唾液中所含的物质逐一分离，并挨个进行模拟伤口愈合实验。很快他们就发现，唾液中的富组蛋白才是真正的有功之臣。有同行科学家对此评论道，由于富组蛋白可在体外大量制备，这对烧伤和糖尿病相关创口等慢性创伤的治疗真是个好消息。如果安全性过关，在未来的某一天，由富组蛋白制成的药物或许能够成为像抗生素软膏和外用碘酒那样的常见药物。

学科展望

科学家发现，血液中的各种蛋白质成分同样存在于唾液中，只是浓度相对稀一些。人体很多疾病的发生和发展都能在唾液中留下“化学记号”。因此，在不久的将来，验唾液将有望取代血液检查和尿检，成为疾病诊断的最新手段。

记忆移植

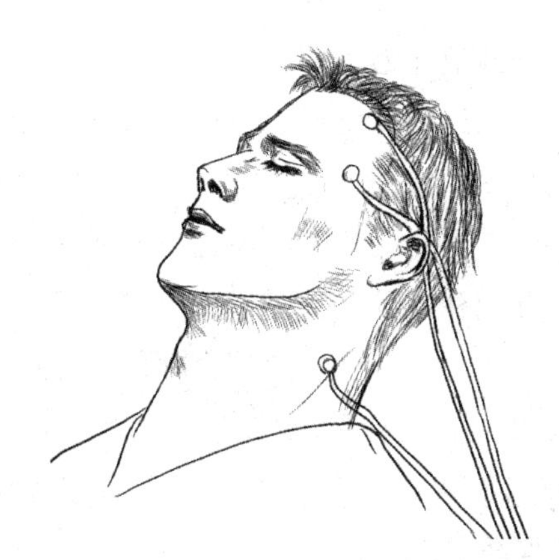

记忆，是一种奇异的生命现象。随着研究的不断深入，近几十年来，记忆究竟能不能够移植，成了科学家关注的焦点。

所谓“记忆移植”就是把一个有记忆能力的生命体的脑中的记忆转移到另一个生命体的脑中，这听起来很不可思议，但是有科学家曾经做过很多实验来表明这是可行的。

20世纪60年代到70年代，美国密执安大学的麦康纳尔和德国马田教授分别在蜜蜂身上实现了记忆移植。他们的做法是：选择两只健壮的蜜蜂，对其中一只作专门训练，每天让它在一个固定时刻从蜂房飞到另一个指定地方寻找一碗糖蜜，时间久了，这只蜜蜂养成了定时飞行的习惯。接着，将它杀死，把脑神经中浸出物移植到另一只未经训练的蜜蜂的脑神经细胞中。结果，后者也像前者那样，会作定期飞行。由此可以证明，前只蜜蜂的记忆被移植到了后者的脑中，移植记忆的实验成功了。

昆虫的记忆移植研究，只是记忆移植领域的第一课，后来的记忆移植研究，逐渐向哺乳动物的情绪记忆移植方向发展。

我们都知道，胆小的老鼠喜欢在黑暗中行动，可是在1994年5月，英国科学家沃克却改变了老鼠的这个习惯。沃克先是通过多次强烈刺激，改变本来“喜暗怕亮”的老鼠的情绪记忆，而建立相反的“喜亮怕暗”情绪。然后，他把这种记载特殊情绪的脑内记忆物质，移植到普通的老

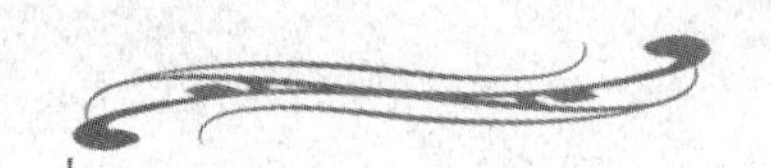

鼠脑内。具体移植方法：把具有特殊情绪记忆的脑汁抽取之后，再注入普通的老鼠脑中。这种把“源大脑”的某种记忆部分，直接抽输到“目标大脑”的方法，称作“脑汁抽注法”。“脑汁抽注”后，普通的老鼠竟也变得“喜亮怕暗”了。

还有一种更为直接的记忆移植方法，那就是“记忆切割移植”。第一次“记忆切割移植”，是由美国加利福尼亚大学的动物神经研究所进行的。这次试验用“记忆切割移植”法将两只牧羊犬互换大脑，测定“换脑术”后的牧羊犬的记忆情况。其中一条牧羊犬，绰号为“天才”。它从小经过严格训练，能够记住并执行主人的近百个口令，明晓主人各种手势的意义。另一条牧羊犬，绰号“白痴”。“白痴”是“天才”的“亲弟弟”，“白痴”从出生开始，就被研究人员关进了一个单独的狗圈。为尽量使“白痴”的大脑记忆成为一片空白，研究者不让它与任何人接触，更别提对它进行各种训练了。

手术完毕，“天才”与“白痴”苏醒后，科学家们期望的奇迹出现了。“白痴”一眼便在人群中找到了主人，并即刻跳跃着迎上去。主人发出了一系列口令与手势，“白痴”均能会意而动。而“天才”竟然对主人视而不见，对他的任何口令与手语，没有一点反应。不幸的是，仅仅过了一个多月的时间，两只狗就相继死去。病理解剖表明，它们死于一种至今原因不明的脑病。

科学家们进行了各种各样动物的记忆移植试验，最终目的还是想为人类进行记忆移植。

1999 年 2 月，美国亚拉巴马大学心理科技研究中心进行了一项记忆移植手术，为损伤了大脑平衡器的中学生凯利植入“复制的运动员运动记忆芯片”。美国业余体操运动员西尼尔，自愿为凯利输出记忆。西尼尔获得过全美大学生体操赛冠军，平衡能力强，并具有出色的动作记忆能力，大量的体操动作过目不忘。车祸前的凯利，也爱好运动，车祸后，他的大脑缺少了平衡能力，常常站立不稳，走路时身体摇摇晃晃。

移植手术做得非常成功，在凯利的神智与体力恢复正常后，能作出优美的伸腰、踢腿、跑跳、空翻等体操动作。几天后，记忆衰减，一星期后，他觉得自己已经不会任何体操动作了，而最终取出芯片以后，凯利又同以前一模一样了。

专家们预计在21世纪“人造脑”将可问世。那时，就可以用生物晶片拷贝一个人大脑所储存的全部记忆信息，再将载有这全部信息的生物晶片植入另一个人的大脑中。如果将来某一天，我们可以随意删除、储存记忆，甚至能将科学伟人的记忆有选择地移植于后人，将会是怎样一番情景呢?

学科展望

有科学家指出，未来人类的死亡是以记忆或意识为依据的。一个人如果想要在寿命终结时继续生存下去，可以先复制一个自己的克隆人，然后，再把自己的记忆等移植到克隆人的大脑中去，达到长生不死的目的。当然，这就涉及克隆的伦理和法律问题，是个需要人类慎重对待的重大问题了。

人类少毛的三大假说

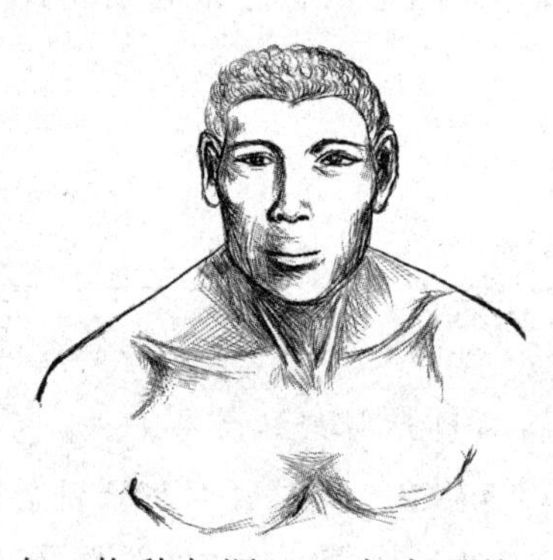

1859 年，达尔文在《物种起源》一书中系统地阐述了他的进化论，首次提出了人类是由猿进化而来的假说。自此以后，这个结论一直有不少科学家在争论。其中一个很重要的疑问是：猿猴的体毛很密、很长，而人类的体毛为什么十分稀疏？为此，不少科学家又提出了一些十分奇特的猜想，其中比较重要的三大假说是“水猿假说”“散热假说”和“免寄生虫骚扰假说”。无论是什么样的假说，大家都有一个共同的观点：脱毛是人类在进化的过程中一种有益的自然选择。

英国人类学家艾利斯特·哈代首先提出了“水猿假说”。他认为，在 400 万～800 万年前，非洲东北和北部由于海水上涨淹没了大片土地，居住在那里的古猿为了生存，逐步适应了海中生活，变为海生动物——海猿。约 400 万年后，海水下降，淹没的土地重新显露出来，少毛的海猿回到陆上生活，逐渐演化为人类。

据英国历史学家迈克·别伊真特所言，地质学家发现约 700 万年前，现在埃塞俄比亚北部的阿法尔平原曾是茂密的森林，后来由于大地构造过程形成了一个很大的内陆湖——阿法尔海。若干百万年之后，它逐渐干涸，变成一片厚达几百米的黏盐土荒漠。从前覆盖森林的达纳基尔高地也在那里，据说正是这个“浴场”成了猿的栖身之地。1974 年 11 月 30 日，美国古人类学家多纳德·乔汉逊曾在这里发现死于 350 万年前的著名类人生物露茜的遗骸。根据所有情况来看，它是淹死的。露茜的骨骸躺在蟹螯中间，同鳄鱼和龟的蛋混杂在一起，没有被猛兽伤害和撕扯。

后来，在偏南一些的地方，乔汉逊在湖底又发现了13具露西同族的遗骸。这个发现也为艾利斯特·哈代的“水猿假说”提供了依据。

水猿假说可以解释人类为何少毛。人的身体表面裸露无毛，却有皮下脂肪，这与灵长类动物大不同，光洁无毛的身体与丰富的皮下脂肪更适宜在较冷的海水中生活并保持体温。人体无法调节对盐的需求，而且要靠出汗来调节体温，这是“浪费”盐分的，而灵长类动物却不需要靠出汗调节体温，反而具有对盐摄入量的控制与渴求的机制，这说明人类是从盐分丰富的海洋中来。

艾利斯特·哈代的解释很富有想象力，也可替人类越来越粗的腰围找到好借口，但人类是否经历过一段水栖时期，还缺少一些古生物学上更多直接证据的支持。“水猿假说”也很少得到人类学界的支持。因为身体无毛虽然可以减少在水中活动时的阻力，降低行动时能量的消耗和增加行动速度，但是却加速了体表热量的散失，而水的导热性比空气大，因而水生动物身体热量的散失远比陆生动物快。因此，各类水生哺乳动物身上大多有一层浓密的毛。所以，无毛不是水生哺乳动物的普遍特征，早期灵长类人科的成员体重一般较轻，没有现在人类那样厚厚的脂肪，要在海水中维持高体温是不可能的。

“散热假说”是流行最广的一种假说。这个假说是建立在人类起源于非洲这个假说的基础之上的——为适应热带草原的生活，人类失去体毛以利散热。我们的猿类祖先曾在寒冷的森林中生活过很长一段时间，长长的体毛有利于它们抵御寒冷。但是，当猿猴转移到炎热的大草原之后，接受阳光的暴晒增多。尤其是猿猴进化到人后，人类学会了直立行走，体表暴露在阳光下的面积就更大了，长长的体毛就会让体温变得过高。

1965年，美国人类学家布雷斯和蒙塔古在《人类进化》一书中就提出了体毛的丧失与狩猎中的散热有关。1967年，英国人类学家莫里斯在《裸猿》一书中，也提出狩猎时散热是人类体毛丧失的主要原因。他们认为，早期人类由于在炎热的阳光下进行狩猎，为了散发体内大量的热量，需要丧失体毛，发展大量的汗腺，成为在白天唯一的主要捕食者。在距今大约200万年前，已有与人类遗骸一起发现的动物化石，表明屠宰遗址的存在。他们更指出，人脑的大量扩大只能在肉食之后，这说明人类进化确实和狩猎有关。

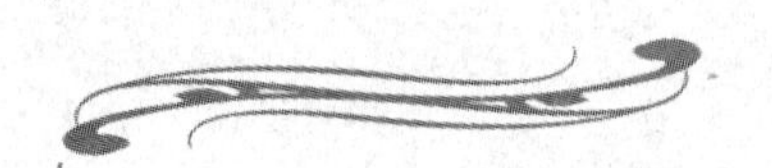

人体上并不是真正无毛，实际上其毛囊的数目以及密度和同属灵长类的大猿差别并不大。体毛稀少的最重要功能是散发体表热量，由于大部分体表汗腺的密度达到每平方厘米数百条之多，因此，人体有比任何哺乳动物都更为有效的冷却系统。这样的想法似乎很合理，可是没有体毛虽然能在白天保持凉爽，入夜后却很难维持体温。此外，如果没有了体毛，灼热的阳光会给皮肤带来很大的伤害。因此，曾经流传最广的“散热假说”如今却争议最多。

最近，英国生物进化学家马克·培格和他的同事沃特·波德默共同提出了“避免寄生虫骚扰假说”。他们认为，人类失去体毛是自然选择的结果，人类会因此得以减少体表寄生虫的数量。覆盖着毛发的皮肤成为了虱子等皮外寄生虫的“天堂”，这里不但食物丰富，而且十分安全。然而，这些小生物不仅会带来刺激和恼人的感觉，也会导致各种疾病——有些疾病甚至可能致命。为了避免寄生虫的骚扰，那些体毛少的人占据了生存优势和生殖优势，那些体毛多的原始人就逐渐被淘汰了。就这样，人类慢慢地进化成少体毛的样子。

也有些生物学家对“避免寄生虫骚扰假说”不认同。英国利物浦大学的罗宾·邓巴认为，人类大量脱毛是发生在200万年前古人类开始直立行走的时期，而寄生虫在人类开始居住时才出现。无论如何解释人类脱毛的原因，有一个问题必须要解释清楚，那就是为什么男性和女性的头部、腋下以及阴部都保留浓密的毛发？对“避免寄生虫骚扰假说”的支持者来说，一个很难回答的问题是：为什么人类仅仅脱掉了部分毛发而不是全部，而保留了毛发的头部、腋下和阴部正是最容易受到感染的部位。

人体各部位毛发的密度不同，随性别、年龄、个体和种族等的不同而异。一般头部最密，头顶部约为每平方厘米300根，后顶部约为每平方厘米200根，手背处则很少，每平方厘米只有15～20根，在前额和颊部毛发密度为躯干和四肢的4～6倍。

人体学家

解剖学先驱盖伦

解剖学是一门历史悠久的科学。早在几千年前，古埃及人在长期制作木乃伊的过程中就积累了一定的解剖学知识。但人类历史上最早也是最著名的解剖学权威是生活在公元 2 世纪的古罗马医学家盖伦。

盖伦生于小亚细亚爱琴海边的佩加马（今土耳其境内）。当时，医学被认为是一门很实用的科学，深受人们重视。盖伦 17 岁时，开始跟随一位精通解剖学的医生学习医学知识。20 岁的时候，盖伦离开故乡，开始了漫长的游学生涯。

盖伦特别喜欢研究解剖学知识，但当时解剖人体是被禁止的，所以盖伦的知识大部分是从解剖动物获得的。他解剖过的动物包括猿猴、猪、山羊、河马和象，其中以猴和猪用得最多。

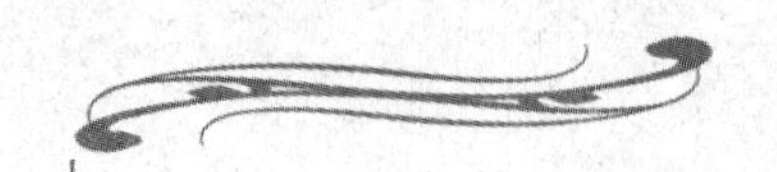

在盖伦以前，医学家们认为静脉内含有血液，动脉内只含空气，但盖伦以一个极其简单的动物实验彻底否定了这种错误概念：他从动物的身体上分离出一段动脉，两端结扎，然后将两结扎部之间的部分切开，结果流出了鲜红的血液。他还用十分精细的手术，将鸽子颈部一条支配喉头肌肉的纤细神经——喉返神经——分离出来，将它剪断，结果鸽子其余的一切功能都没改变，只是永远不会啼叫了，他就这样首次用试验确定了喉返神经的功能与发声有关。在神经生理学方面，盖伦通过脊髓切断实验做出了划时代的发现：在第一、第三椎骨间切割脊髓，动物立即死亡；在第二、第四椎骨间切割，导致呼吸抑制；在第六椎骨以下切割，造成胸部肌肉麻痹；而在更下方切割脊髓，则仅引起下肢、膀胱和肠道瘫痪。盖伦还发现结扎输尿管后，尿液积存于结扎部位上方的肾脏和输尿管，而膀胱内并无尿液。证明尿液是由肾脏形成的，膀胱只是储存。

盖伦 30 岁的时候返回了阔别多年的家乡，在一个角斗士学校当起了医生。当时，斗兽场是穷奢极欲的贵族们欣赏兽与兽、人与兽、人与人之间残酷搏杀的地方。可以想象，在斗兽场的搏杀中，受伤的奴隶情况都很危急，他们常常是奄奄一息的时候被抬到盖伦的急救室中。对于受伤的奴隶来说，命运是悲惨的，但对于盖伦来说，这些身上满是伤口的奴隶却给他提供了仔细观察人体结构的机会。后来他将伤口称为是“进入身体的窗”。

公元 164 年，34 岁的盖伦来到了罗马。一次，他治好了许多名医诊治无效的一位著名哲学家的重病。这位哲学家恰好是解剖学的业余爱好者，他从此成了盖伦强有力的庇护者，并经常与盖伦一起解剖各种动物。后来，盖伦渊博的知识和精湛的医技让他声名大振，许多贵族也纷纷来请盖伦看病。不久后，盖伦成了罗马皇帝的御医，此后他一边行医，一边学医，一边著书立说，终于写出了人类有史以来第一部系统研究人体解剖的著作——《论解剖》。

盖伦后来成了古罗马时期最著名最有影响的医学大师，被认为是仅次于希波克拉底的第二个医学权威。在之后的 1 000 多年时间里，盖伦的理论被西方国家奉为医学和生理学的金科玉律。其中，他对人体许多系统解剖结构的系统描述以及结合解剖构造对血液运动的系统论述，在生物学史上产生了很大的影响。但是在盖伦的论述中也有许多错误，例如他所说的心间隔上有小孔，血液能通过小孔，往返于心脏左右两边。这纯粹是他的猜测，实际根本不存在。盖伦的许多解剖学和生理学都是建立在错误的结论基础之上的。人们后来发现，盖伦的某些错误之所以产生，是由于他所进行的解剖对象是动物而不是人。他的生理描述往往是脱离了实际，而屈从于宗教神学的需要。后来人们为消除他在解剖学、生理学上的错误影响，进行了艰苦的斗争。

触类旁通一直是人类进行创造性思维的重要途径和方式。它能给人们的想象力和创造力一个更大的空间，从而达到事半功倍的效果。虽然盖伦的理论存在一些错误，但在当时的条件下，盖伦能通过解剖动物来诠释人体结构毕竟是难能可贵的事情，这证明了盖伦有着敏锐的观察能力和触类旁通的本领。

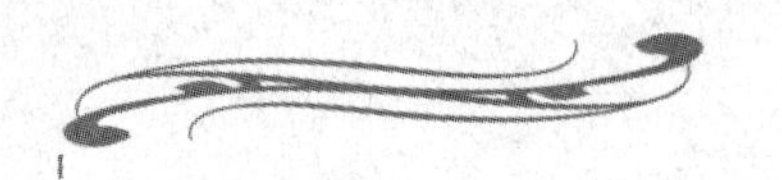

王叔和与《脉经》

我们把手放在腕部的桡动脉处或颈部的颈动脉处，可以明显地摸到血管在不停地跳动，这就是我们所说的脉搏。中医很重视对脉搏的研究，根据脉搏跳动规律总结出人的各种不同的脉象，将其作为诊病的依据。早在 1 700 多年前，我国就出现了一部描述 24 种脉搏跳动现象的书籍——《脉经》，它的作者是东汉时期的著名医学家王叔和。

王叔和生于公元 201 年，是山东高平（今邹城市）人。王叔和出身于农民家庭，幼年时为避战乱，举家迁徙荆州襄阳，投奔同族人王粲、王凯，得到同乡刘表的关怀，受到王氏兄弟的照顾。

王叔和从小就养成了勤奋好学、谦虚沉静的性格。十六七岁就熟读经史，知识渊博，通古达今。后来，刘表病逝，王氏兄弟归顺了曹操。王叔和目睹了战争和疾病给百姓带来的灾难，立志学医，以解万民之苦。从此，他多次到南阳，学习张仲景的医道。两三年后，王叔和便行医于襄阳一带，被称为“神医”。

公元 208 年，王叔和被推选为曹操的随军医生。其后任王府侍医、皇室御医等职，后又被提升为太医令。此后，王叔和便着手整理古代的医学典籍。东汉时期的“医圣”张仲景所著的《伤寒杂病论》是我国医学发展史上影响最大的著作之一，是学习中医的必读书，历代许多有成就的医学家都对该书进行过研究。但该书问世不久就在战争中散失。王叔和深知该书的价值，担任太医令后，他不遗余力，四处收集，加以整理，重新进行编排，将之分为《伤寒论》和《金匮要略》，使《伤寒杂病论》得以完整保存并流传后世。

王叔和不但精通中医经典方书，而且对“脉学”也颇有研究。中医认为全身血管四通八达，密布全身，在心肺作用下循环周身，只要人体任何地方发生病变，就会影响气血的变化而从脉上显示出来。这门学问被称为“脉学”。

脉学在我国起源很早，扁鹊就常用切脉方法诊断疾病。切脉是祖国医学诊断学之“望、闻、问、切”四诊中重要的组成部分，但是当时仍不为一般医家所重视，如张仲景《伤寒论》自序中指出，有一些医生缺乏脉学知识，或者对于脉学不大讲求，这样临床诊断不明，对于病患者来说是很危险的。因此，为了解决医生在治疗过程中正确应用脉诊诊断的问题，迫切需要一部脉学专著。后来，王叔和经过几十年的精心研究，在吸收扁鹊、华佗、张仲景等古代著名医学家的脉诊理论学说的基础上，结合自己长期的临床实践经验，终于写成了我国第一部完整而系统的脉学专著——《脉经》，计 10 多万字，10 卷，98 篇。《脉经》总结发展了西晋以前的脉学经验，将脉的生理、病理变化类列为脉象 24 种，并作出详细的理论性叙述，使脉学正式成为中医诊断疾病的一门科学。

王叔和总结的切脉方法为我国以后的中医诊断奠定了基础，为后世医学家所推崇。此前，中医采用的是“三部九候”切脉方法。王叔和根据自己的医学实践，创造性地提出“独取寸口”的新“三部九候”切脉法。这种方法至今被我国临床诊断所采用，对我国医学的发展作出了重大的贡献。今天，切脉成为了中医最常用的诊断方法。

在学习和实践过程中，盲目服从是非常有害的，那只能使人增加依赖性，缺少自主性。王叔和在遵古、博古、习古的同时，不遗余力地继承并发扬前人的成绩，最终实现了用新、创新。他这种承上启下、继往开来的功绩，值得我们铭记。

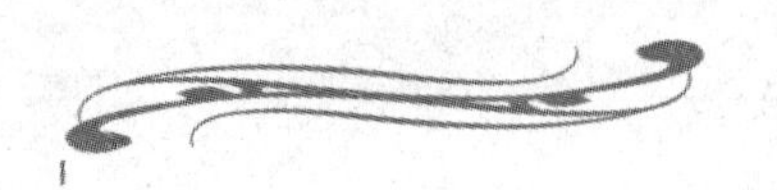

皇甫谧与《针灸甲乙经》

针灸是中国特有的一种治疗疾病的手段。千百年来，它对保卫健康、繁衍民族，作出过卓越的贡献，直到现在，仍然担当着这个任务，为广大群众所信赖。我国现存最早、内容最完整的针灸专著是魏晋时期的《黄帝三部针灸甲乙经》，又称为《针灸甲乙经》。这部书的作者是皇甫谧，他是我国中医领域“针灸疗法”的创始人。

皇甫谧生于公元215年，是安定朝那（今甘肃灵台人县朝那镇）人。皇甫谧幼年时父母双亡，过继给了叔父，由叔父叔母抚养成人。

皇甫谧虽然家境贫寒，但即使是在家中种地时，他也不忘背着书，抽空阅读。自此之后，他对百家之说尽数阅览，著有《帝王世纪》《高士传》《逸士传》《列女传》等书，在文学方面有很高的成就。其中的《帝王世纪》一书记载了上起传说中的三皇五帝，下至其生活的曹魏时期，上下三千年，是一部博古通今的鸿篇巨制。

皇甫谧40岁时患了风痹病，十分痛苦，但在学习上仍是不敢怠慢。抱病期间，他读了大量的医书，尤其对针灸学十分感兴趣。但是随着研究的深入，他发现以前的针灸书籍深奥难懂而又错误百出，十分不便于学习和阅读。于是他通过自身的体会，摸清了人身的脉络与穴位。在《针经》《素问》及《明堂孔穴针灸治要》三部书的基础上，吸收了《难经》等著作的内容和秦汉以后针灸的成就，同时结合自己的经验，编写了《针灸甲乙经》。全书共12卷，128篇。除了论述有关脏腑、经络等理论外，该书还记载了全身穴位649个，穴名349个，并对各穴位明确定位，对各穴的主治证、针灸操作方法和禁忌等都做了详细描述，还一一纠正了以前的谬误。

《针灸甲乙经》从内容来看，包括解剖、生理、病理、诊断、治疗等各个方面。在诊断方面，皇甫谧主张要察脉观色，询问病史，然后对症用针。在治疗方面，他认为针刺时，医生要严格按照操作规程治疗，不容许有半点马虎，要“如临深渊，手如握虎”。在人体方面，他认为人体有12条经络，而这12条经络又各有通路，不是孤立的有机体，彼此是循环往复的。

《针灸甲乙经》问世后，唐代医署就开始设立针灸科，并把它作为医生必修的教材。晋以后的许多针灸学专著，大都是在参考此书的基础上加以深化而写出来的，但都没有超出它的范围。此书在国外也产生了深远的影响。公元701年，日本法令《大宝律令》中明确规定把《针灸甲乙经》列为必读的参考书之一。直到目前，在国际医学交流上《针灸甲乙经》同样具有很高的学术价值，国际针灸经络穴位委员会还把它作为确定穴位必读参考书之一。

有志者事竟成。要想学有所成，就必须要有不怕寂寞、排除干扰的心态。皇甫谧不但知错能改，还通过个人努力取得了辉煌的成就，从一个浪子转变为一个大学者。他的故事告诉我们：只要好学上进，就永远不会迟。“浪子回头金不换”说的就是这个道理。

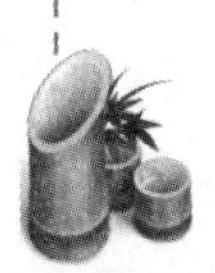

古代营养学家忽思慧

在中华民族文明发展史上，少数民族作为大家庭的成员，为华夏文化的发展作出了自己的贡献，并涌现出不少优秀人物。忽思慧便是其中一位，他编撰的《饮膳正要》是一部珍贵的蒙元宫廷饮食谱，也是现存最早的古代营养保健学专著。

忽思慧是蒙古人，他最擅长的是食疗。食疗历史非常悠久，远古时代，人们常常误食一些有毒食物，引起中毒甚至死亡。但有时偶然吃了某种食物，使中毒症状减轻或治愈疾病。经过长期摸索，人们逐渐获得了辨别食物与毒物的知识，掌握了食物治疗疾病的性能。我国周代已有食医的分科。到了唐宋时期，食疗已成为一门专门学问，出现了不少食疗专书。

元朝皇帝非常重视食疗，所以让忽思慧做了宫中的饮膳御医，专门负责宫中的饮食调理，负责皇帝及后宫的营养保健工作。忽思慧对各种食品的营养保健功能、滋补药品的作用、饮食卫生乃至食物的毒性等都非常有研究，因此他做出的御膳不仅有营养，而且在保健和治疗疾病上也有一定的作用。

忽必烈称帝不久举行了一次大型的国宴。在国宴上，忽思慧专门为皇帝上了一道新式全羊肉。忽必烈见了，十分诧异，问："忽思慧，你给朕进的这是什么膳?”忽思慧急忙跪拜而道：“回禀皇上！这是在下专为皇上特制的新制羊肉，请皇上先品尝一口。”忽必烈拿出蒙古刀割了一块羊肉，吃了以后连连说：“不错！好吃。”“请皇上赐名。”忽思慧说。“你是怎么做的?”“过去我们蒙古人做全羊，其羊毛是被烧掉的，这次我把羊毛用滚烫的开水烫掉了。制作的时候，使武火烧沸，改用文火熬煮，并加了一些山珍海味。”“好哇，那就叫它‘烫全羊吧’!”忽必烈兴奋地说道。就在此次国宴上，忽必烈敕封忽思慧为太医。烫全羊，蒙古语叫“诈马”，从此以后，元代的皇帝每到秋季必在元上都举行一次“诈马宴”。

1261年，忽必烈在北征途中，经过一场激战后，人困马乏，饥肠辘辘。忽必烈心血来潮，想吃家乡菜肴清炖羊肉。厨师急忙烧火煮水，宰羊剥皮，剔骨割肉。正在这时，探马突然前来飞报：“敌军大队人马铺天盖地而来，仅距驻地不足十里!”饥饿难忍的忽必烈很懊丧，但兵贵神速，他一面下命部队开拔，一面喊着：“羊肉！羊肉!”这时，忽思慧急中生智，亲自与厨师动手，选了一块纯精肉，飞快地将羊肉切成薄片，投入沸水中搅拌了几下，待肉色一变，便捞入碗中，撒上细盐、葱花和姜末，给忽必烈奉上。忽必烈正馋得慌，便狼吞虎咽，接连吃了几碗，感到格外鲜嫩。战后筹办庆功酒宴时，忽必烈特意点了战前吃的那道羊肉片，并召来忽思慧重赏了他，还问清了这种羊肉片的烹调技术，御赐菜名为“涮羊肉”。

元仁宗时，因为数年在外征战，四处奔波，操劳过度，肾气亏虚，患了阳痿症，十分痛苦。忽思慧根据元仁宗的情况，做了“羊肾韭菜粥”为他调治。元仁宗每天坚持喝粥，不到3个月的时间，病就痊愈了，不久王妃怀孕了，仁宗喜上加喜，大大奖赏了忽思慧，同时让忽思慧将此粥列为宫廷膳食良方，此后也经常服食。

忽思慧作为一个饮食御医，不仅会做各种有营养的膳食，还不忘整理自己的心得，并结合前代各家本草、名医方术、民间饮食的经验，在公元1330年编撰了《饮膳正要》一书。忽思慧在书中强调营养学的医疗作用，他认为最好少吃药，平时注意营养调剂，不吃药也能治病。书中还附有许多插图，如每种食物的性状，对身体有什么好处，能治什么疾病等都一一加以说明。书中还提倡讲究个人卫生，如对饭后漱口、早晚

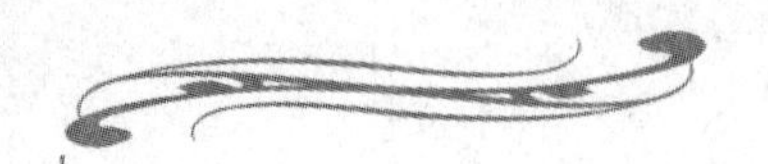

刷牙、晚上洗脚、薄滋味、戒暴怒等都有论述。

《饮膳正要》是我国古代第一部较为系统地介绍饮食保健营养的专著，对今天的饮食搭配、合理进食及治疗慢性疾病等都有很好的指导意义。

知识链接

食疗又称食治，即利用食物来影响机体各方面的功能，使其获得健康或愈疾防病的一种方法。中医很早就认识到食物不仅有营养，而且还能疗疾祛病。现如今，人们越来越崇尚健康天然的治疗方法，食疗已经成为了人们寻求健康保障的主要途径。

解剖学之父维萨里

16 世纪前，医生们用的人体解剖资料大部分是以动物研究为基础，缺乏可靠性而且错误百出。历史上第一个通过解剖人体来了解人体内部构造的人，是比利时医生安德烈·维萨里。

维萨里 1514 年出生在比利时布鲁塞尔的一个医学世家，他的曾祖父、祖父曾是当时皇室的御医。其父是皇家的药剂师，他在从医的空隙热衷于小动物解剖实验研究，这使少年维萨里产生了好奇心，在耳濡目染中学到了解剖知识。家庭的熏陶对他产生了很大的影响，1533 年，维萨里离家赴巴黎大学学习医学。

当时虽然处在欧洲文艺复兴的高潮时期，但是巴黎大学的医学教育还没有完全摆脱中世纪的精神桎梏。在巴黎大学的讲堂上，教授们还是因循守旧、津津有味地讲述着盖伦的“解剖学”教材。教学过程中，虽然也配合一些实验课，但是实验课都是由雇佣的外科医生或刽子手担任的。解剖的材料只是狗或猴子等动物的尸体。再加上教授们的讲课与实验毫无联系，又不准学生们亲自动手操作，所以讲课与实验严重脱节，错误百出。

为了揭开人体构造的奥秘，维萨里常与几个比较要好的同学在严寒的冬夜来到郊外无主坟地盗取残骨，或在盛夏的夜晚，偷偷地来到绞刑

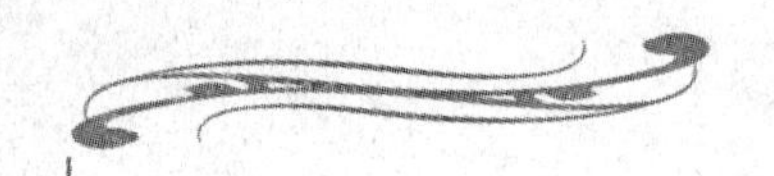

架下，盗取罪犯的遗尸。他专心地挑选其中有用的材料，对于所得到的每一块骨头，都如获至宝，精心地包好带回学校。回来后，又在微弱的烛光下偷偷地彻夜观察研究，直到弄明白为止。

1536年，维萨里毕业后离开巴黎前往当时新科学的中心意大利帕多瓦大学深造。后来，学校发现了维萨里在解剖学方面的才干，破例授予他医学博士学位；1537年年末，聘请他为解剖学教授，留校任教。

维萨里虽按盖伦著作的教材给学生们讲课，但发现错误便以自己的观点加以阐述。业余时间，他把自己多年辛苦积累起来的资料悉心钻研整理，开始写一本关于人体构造的书。

1543年，年仅28岁的维萨里终于完成了巨著《人体的构造》，这本书共7大卷，663页，含278幅精美的木刻插图，系统地描述了人体的骨骼、肌肉、血管、神经、内脏的特点，图中的人或倚桌沉思，或驻足田野，颇具生活情趣。维萨里在该书中指出盖伦解剖学中有200多处错误，阐述了心脏的结构，否定了盖伦心室中隔有孔的说法，描述了心脏瓣膜的正确结构，为血液循环的发现奠定了基础。

维萨里的研究发现威胁到了教会的权威。比如维萨里发现，男人和女人的肋骨一样多，因此《圣经》中所说的上帝从亚当体内抽出一根肋骨造出了夏娃的说法是错误的。另外维萨里在书中还说人的股骨是直的，而不是像狗的那样是弯的。这些科学发现激怒了迂腐的教会人士，教会与那些只会宣讲盖伦理论的“学者”们开始联手攻击维萨里，针对维萨里提出的人的股骨是直的这一说法，他们硬说是人体结构自盖伦时代以来有了变化，人们现在之所以看到人的腿骨是直的而不是弯的，是由于当代人穿紧腿窄裤把腿骨弄直的。假如不是人为的结果，在自然状态下人腿还应该是弯的！这种可笑的辩解竟成为教会迫害维萨里的理由。

在教会的迫害下，维萨里不得不在《人体的构造》一书出版的第二年愤然离开意大利去了西班牙，在那里度过了比较安宁的20个年头。尽管如此，教会的魔爪仍不肯放过他。有一次，维萨里为一位西班牙贵族做验尸解剖，当剖开胸膛时，监视官说心脏还在跳动，便以此为借口，诬陷维萨里用活人做解剖。宗教裁判所便趁此机会提起公诉，最后判了维萨里死罪。由于国王出面干预，才免于死罪，改判往耶路撒冷朝圣，了结了此案。但在归航途中，航船遇险，年仅50岁的维萨里不幸身亡。

维萨里对解剖学开创性的贡献推翻了统治欧洲达一千多年之久的权威——盖伦，从而开辟了近代医学的实验观察之新风尚，成为近代医学之发端。17 世纪以后，《人体的构造》成为欧洲各医学院解剖学的主要教材，人体解剖也成为一门必修课。因为维萨里为现代人体解剖学的建立与发展奠定了基础，因此他被后人尊称为“解剖学之父”。

维萨里敢于向权威挑战，勇于同迷信、宗教进行坚贞不屈的斗争并取得最终胜利的故事告诉人们：在科学面前是不能搞迷信的，那种对于权威只知盲目崇拜，不敢加以精深研究的人，是没有什么成就的。那样只能永远停留在前人的水平上，不可能有什么发明创造，也就不可能前进。

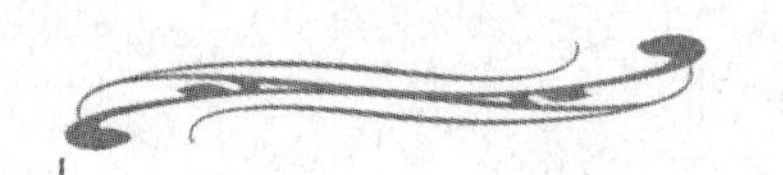

哈维发现血液循环

在欧洲历史上，文艺复兴是新兴资产阶级在思想文化领域里开展的反封建斗争。这个时期曾出现过许多杰出的人物，他们积极热情、思想解放，富有探索和创新精神。这期间，在生物学领域中也出现了一批杰出的学者，其中之一便是血液循环的发现者——哈维。

哈维于1578年出生在英国福克斯顿的农民家中，他自幼性格文静、思维敏捷。19岁时，他就获得了文学学士学位。1600年，哈维离开英国，来到了以解剖学闻名的意大利帕多瓦大学医学院学习医学。当时，他还常常去听伽利略讲授的力学和天文学，深受这位教授的影响，他的求知欲已跨越了学科的界线。伽利略注重实验的做法，对哈维影响极大。

在哈维生活的时代，医学界占统治地位的是古罗马流传下来的盖伦学说。盖伦认为，人的血液产生于肝脏，存在于静脉中，进入右心室后渗过室壁流入左心室，经过动脉，遍及全身后就在体内完全消耗干净。意大利医学教授维萨里在1543年出版了解剖学巨著《人体的构造》，指出人的心脏的中膈很厚，并由肌肉组成，血液不可能通过中膈从右心室流入左心室。西班牙医生塞尔维特在1553年出版的《基督教的复兴》中，认为血液从右心室流入肺部，经过空气净化后，鲜红的血液又从肺部流入左心室，形成循环，即小循环。塞尔维特已接近发现血液循环，但还没等他继续研究下去，就因触犯教义而被活活烧死。

科学探索是无止境的。半个世纪之后，已经成长为医生的哈维继承了他们的事业，他决心通过实验来揭开人体血液循环的神秘面纱。

哈维用蛇做实验。他把活蛇杀死，剖开，用镊子夹住大动脉后发现：镊子以下的动脉很快就瘪了；镊子与心脏之间的动脉和心脏，膨胀开来，越来越鼓，颜色变深。而松开镊子以后，心脏及动脉很快又恢复了正常。后来，哈维又做了一个类似的实验，他用镊子夹住大静脉，切断心脏与镊子以下的静脉通路。这时，他看到：镊子和心脏之间的静脉，立时就瘪了；同时，心脏变小，颜色变浅。松开镊子，在瘪下去的一段静脉中，马上就有血液流过，心脏的大小和颜色也恢复如初。

人体内的血液是否这样呢？哈维请来一名身体消瘦、臂上大静脉清晰可见的人。他用绷带扎紧这人的上臂，一会儿，摸摸绷带以下的动脉，无论在肘窝还是在手腕，都不跳动了，而绷带以上的动脉，却跳得十分厉害；绷带以上的静脉瘪下去了，而绷带以下的静脉，却鼓胀了起来。这表明心脏中的血液来自静脉，而动脉则是心脏向外泵吐血液的通道。

心脏的每次搏动向全身送出多少血液呢？只需粗略地计算一下就可得知：如果心脏每次跳动输出 35 克血液，若每分钟跳动 65 次，一小时就会输出 270 千克血，这一重量超出一般人体重的 3 倍。接着哈维又对羊和狗等动物进行了类似的计算，结果发现，在半小时内由心脏泵出的血量，远远超过了整个动物体内血液的总量。一只羊全身的血不过 1.8 千克多，一头牛的颈动脉破裂后不到半小时就会因失血而死亡。这些都证明血液必定是通过全身作循环运动。

1616 年，哈维在演讲中宣布了他的血液循环理论。他说，在心脏收缩时，心脏里的血液流到动脉里；而静脉里的血液，又流回了心脏。总之，血液在体内是循环流动的。哈维的演讲当时并没有引起多大反响。他深入研究，总结整理，撰成一部划时代的专著《心血运动论》。在这本只有 72 页的著作中，哈维用大量实验材料论证了血液循环运动。他特别强调心脏在血液循环中的重要作用。他把心脏比作水泵，并认为心脏在人体中的地位就像宇宙中的太阳，而太阳也就是宇宙的心脏。这个类比说明，哈维把自己的学说和哥白尼的学说联系在了一起。事实上，血液循环的发现确实给生理学中的传统观念以致命的打击。正如太阳中心说给天文学中的传统观念以致命的打击一样，它们是科学的“双胞胎”。

《心血运动论》于 1628 年出版后，立即遭到教会和一些保守学者的攻击。幸好哈维当时是英国国王查理一世的御医，受到国王的宠幸，这

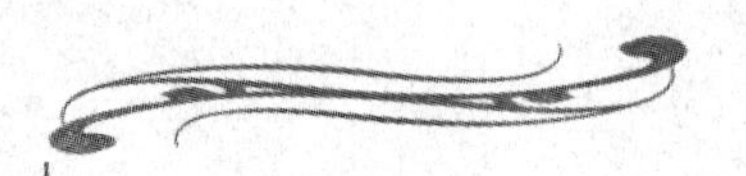

才使他没有像前辈维萨里、塞尔维特那样付出生命的代价。1661年，即哈维逝世后的第四年，意大利科学家马尔比基在显微镜下观察到毛细血管的存在。正是这些肉眼看不见的微小血管，把动脉和静脉连接起来形成一个“可循环的管道”。这进一步证实了哈维的血液循环理论的正确性。

血液循环的发现使生理学发展为科学，哈维也因这一成就被誉为近代“生理学之父”，成为了与哥白尼、伽利略、牛顿等人齐名的科学革命的巨匠。

知慧人生

大凡在科学史上有所发现、有所发明、有所创造的人，都是敢于向权威挑战的人。正是因为哈维敢于藐视权威，勇于发现问题，才使他通过思想观念的革新，对心脏和血液的性质、功能及运动规律提出了一套与传统观点不同的理论和框架，进而科学地揭示了血液循环的奥秘。

列文虎克发现微生物

300多年以前，荷兰一个普通的看门人在人类历史上第一次发现了一个神秘的世界，在这个世界里，生活着千百种我们肉眼看不见的小生物，其中有些给我们以帮助，是人类的好朋友；有些则在吞噬着我们的生命，是人类危险的敌人。这一发现，开辟了人类征服传染病的新纪元。这个看门人的名字叫列文虎克。

1632年，列文虎克出生在荷兰一个叫德尔夫特的地方。列文虎克的父亲去世很早，母亲送他进学校，希望他将来能在政府部门里谋个差事，可是列文虎克对当职员不感兴趣。他16岁就离开学校，到阿姆斯特丹的一家布匹店里当学徒，后来，他成了德尔夫特市政厅的看门人。在从事这项轻松的工作的时候，列文虎克对磨制透镜入了迷。在古代，曾有人发现，透过几块弧面玻璃片，可以看到放大的物体。后来有一些科学家就利用这种弧面玻璃把物体放大，进行观察和研究。他们把这种弧面玻璃片称作"透镜"。以后，又有人发现，如果将几片透镜组合到一起，可以把物体放得更大。他们把这几片透镜固定在一根金属管上，通过螺旋可以调节它们之间的距离，这个管型装置就叫作显微镜。

1665年，列文虎克用自己发明的显微镜第一次观察到了血液在毛细血管里的流动。1674年，他进一步观察血液。有一天，他刺破自己的手指，殷红的鲜血一滴、一滴地滴了下来，他立即用显微镜进行观察，发

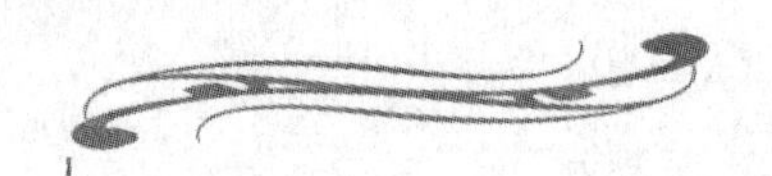

现在这红色液体中竟有许多像小车轮一样在滚动的血液细胞，这就是使血液呈红色的红细胞。列文虎克成为第一个看见红细胞的人。他立即把这个发现描绘出来，写信给英国皇家学会。他在信中说："我用自己制造的显微镜，观察皮肤、鸡毛、跳蚤、血液等微小的东西，看到了一番令人意想不到的景象。"这封信引起了英国皇家学会会员们的热烈讨论。会员们都想亲眼目睹显微镜下的奇妙世界，最后决定向列文虎克借显微镜但被拒绝。被拒绝后，皇家学会决定自己制造显微镜，任务落到了实验大师胡克身上。胡克后来成功地制造出一具复式显微镜，并在一次观察软木纤维过程中，发现了"细胞"，从而成为世界上第一个发现细胞的人。

1675 年的一天，列文虎克用水池里的水浇完花后，仍然像往常一样手拿显微镜思索着肉眼见不到的微观世界。无意间，他用显微镜看了一下花盆边的水滴，这一看使他惊讶不已。在这一滴水珠里，有很多"小动物"在不停地扭动着。列文虎克进一步观察，发现比较清洁的水珠里，"小动物"较少，在污水、脏水的水珠里，"小动物"非常多。他得出结论，在我们生活的周围，除了那些牛、马、虎、兔等动物外，还有人们肉眼看不到的微小生物存在着，它们肯定和人类的存在有着某种关系。

1677 年，列文虎克在观察人、兔和狗的精液中，第一次发现了精子细胞。列文虎克源源不断地把自己的发现整理出来，并绘制成图，寄给英国皇家学会。不久后，人类历史上第一个提出了"细胞"概念的英国皇家学会会员胡克证实了列文虎克的发现。列文虎克的成果终于被承认了，英国皇家学会吸收他为会员。此后，列文虎克的大名开始传遍欧洲，俄国彼得大帝前来向他表示敬意并购买了 1 台他制作的显微镜带回国珍藏。英国女皇也大驾亲临德尔夫特，只是为了想从他的显微镜里看看那些神奇的小生物。不过列文虎克仍然保持着他原来的习惯，他除了尽心尽力地把看门人的工作做好之外，余下的时间仍然是俯在他的显微镜上进行观察。1683 年，他在观察人口腔内牙缝里的食物碎屑时，第一次发现了口腔细菌，接着还发现了酵母菌和醋里的微生物。

1723 年，列文虎克去世了。他没有留下什么遗产，只有柜子里那一排排放置得十分整齐的显微镜。虽然他活着的时候就看到人们承认了他的发现，但直到 100 多年以后，当人们在用倍数更高的显微镜重新观察列文虎克描述的形形色色的“小动物”——微生物——时，才真正认识到列文虎克对人类认识世界所作出的伟大贡献。

现在我们已经知道，微生物是包括细菌、病毒、真菌以及一些小型的原生动物等在内的一大类生物群体，它个体微小，却与人类生活密切相关。微生物在自然界中可谓“无处不在，无处不有”，包括了有益有害的众多种类，涉及健康、医药、工农业、环保等诸多领域。

知慧人生

列文虎克，一个普通的看门人，用自己持久的好奇心、执著勤奋的精神和微薄的收入，开辟出一片崭新的科学研究天地，为后人树立了一个自学成才的楷模，在历史上写下了光辉的一页。他的故事永远值得后辈人牢记在心，仔细寻味。

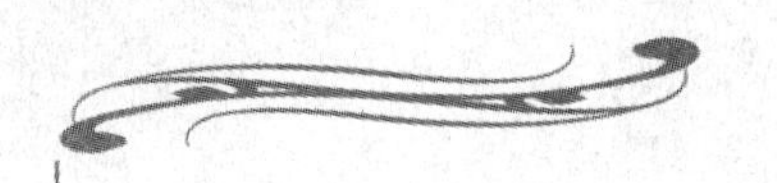

用实验"说话"的斯帕拉捷

在古代，我国曾经流传过这样一种说法：苍蝇是腐肉化成的，萤火虫是腐草化成的。在18世纪以前的欧洲，很多人都相信许多动物不需要母体，它们都是垃圾堆的"私生子"。生物会不会自发地产生呢？一切生物是不是都需要由母体产生？最终为这个问题找到正确答案的是意大利微生物学家斯帕拉捷。

斯帕拉捷1729年出生在意大利北部的斯坎提阿诺镇。他的父亲是一位有名的律师，母亲出身富裕之家。斯帕拉捷15岁中学毕业后进入神学院，在那里他学习了5年，受到很好的语言学和哲学等方面的教育。1749年，他转入著名的波伦亚大学学习法律。他的堂姐在波伦亚大学任物理学和数学教授，在她的引导下，斯帕拉捷对自然科学产生了浓厚兴趣，从而转学自然科学，1753年取得博士学位。此后不久，教会任命他为牧师，1760年成为神父。教会的经济支持，保证了斯帕拉捷科学事业的顺利进行。

当时，列文虎克已经发明了显微镜并发现了很多微生物，但有一个问题一直在困扰着人们——这些小生物究竟是自发产生的呢，还是必须来自母体？在英国，有一个叫尼达姆的神父做了一个实验，他把一些羊肉汤灌进一个瓶子里，然后给瓶子加热半小时。几天以后，他拔开瓶塞，用显微镜检查瓶子里的肉汤，汤里的小生物竟然是密密麻麻。尼达姆把他的实验结果写信报告皇家学会，他宣称："我已经证明，生命确实能够从没有生命的东西里自发地产生出来。"尼达姆的实验蒙骗了许多人，有人甚至说蜜蜂是从死牛的尸体里产生出来的；还有人说，把一块肮脏的抹布放在盛有小麦颗粒或干奶酪的容器中，过3个星期，就会繁殖出成年的雌鼠和雄鼠。

斯帕拉捷看到尼达姆做羊肉汤试验的新闻之后，认为在尼达姆的实验中，可能是从活塞的缝隙中进去了微生物，也可能是加热温度不够，没能把肉汤中的微生物全部杀死。于是，斯帕拉捷用两个容器亲自做了这个实验，他把一个容器的颈加热溶化密封后，煮沸三四个小时，另一个容器用活塞封口，煮沸一两分钟，加以对比。结果是，前者没有产生微生物，而后者却产生了微生物。后来，斯帕拉捷将自己的研究成果写成一篇论文发表了。他指出："生命只能来自生命，每一个生命都需要有母体，哪怕是那些可怜的'小动物'——微生物，也是不例外的。"这一消息立即引起了科学界巨大的反响。尼达姆神父为了争个面子，跑到巴黎去讲述他的"羊肉汤试验"，并且在巴黎结交上了法国著名的博物学家布丰。他们俩简单地做了实验以后，仍继续坚持尼达姆的错误论点。尼达姆还写信给斯帕拉捷说："你的实验是有漏洞的。因为你把瓶子加热了1个小时，而这高温削弱了并且损伤了生长力，使它们再也生不出小动物来了。"

精力旺盛的斯帕拉捷喜欢用事实说话。他接到尼达姆的来信以后，连忙卷起袖子大干起来。他不是用笔，而是用烧瓶、种子和显微镜，来证实自己的结论是完全正确的。"尼达姆说热力损伤了种子里面的生长力，他试验过了吗？他是怎样看见或者感觉到这个生长力的呢？他既然说生长力在种子里面，所以，等把种子加热以后，再看个究竟。"斯帕拉捷边想边做实验。他把烧瓶都拿出来洗刷干净，再用清水调制好豌豆、大豆、野豌豆等各种各样的种子汤汁，然后把它们装进烧瓶，放在高高的架子上。为了能得到更准确的结果，每种汤汁他都装了很多瓶。架子上放满了，就放到桌子上、椅子上、地板上。他开始加热瓶子了，第一组只煮几分钟，第二组煮半小时，第三组煮1小时，第四组煮2小时。他不用火焰熔合瓶口，只照尼达姆的做法，用木塞塞住瓶口。瓶子都煮过了，还得等几天才能检查结果。几天之后，斯帕拉捷回到实验室。他想：

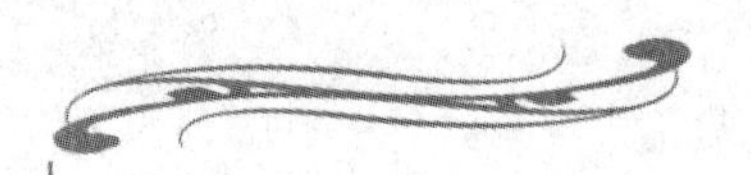

如果尼达姆是对的，那么只煮过几分钟的瓶子里的小动物的数量，应该比其他瓶子里的多。他一个一个拔出瓶塞，吸出瓶中的汤汁，再用显微镜进行检查。结果煮了2个小时的瓶子里，活动着的“小动物”最多，比只煮过几分钟的瓶子里的小动物还要多。此后，斯帕拉捷向全欧洲宣告：在空气中有微生物存在，一切生物都会有母体，细菌也只能由细菌繁殖出来。

斯帕拉捷用不可否认的事实推翻了尼达姆有关生长力的错误论点，从此名震欧洲各大学。不久后，一名法国厨师从斯帕拉捷的实验中得到启发后发明了罐头。他把食物装入密封的瓶中，然后加热煮沸，杀死其中的微生物，这样食物就可以保存很久也不会变质了。

1765年，斯帕拉捷开始了动物再生能力的研究。他用蚯蚓做了数千次实验，认识到有利于蚯蚓再生的一些切口的准确位置。他在研究了蜗牛的头、触角和足，蝾螈的尾巴、四肢和上颚以及青蛙、蟾蜍的四肢的再生后发现：动物的再生能力，低等动物比高等动物强、年幼动物比成年动物强、体表组织比内部器官强等事实。此外，他还用蜗牛做过异体头部的移植实验获得成功。

斯帕拉捷一生做了大量的实验，在为人类揭开众多生物奥妙的同时，也使自己成为了当时著名的生物学家、生理学家和实验生理学家。

知慧人生

实验是研究生理学的基本方法，近代生理学的知识主要来自实验研究。事实证明，斯帕拉捷所作的各种实验实际上是他成功的“法宝”。其实，不论是哪一门学科，不管做什么事情，认真观察、善于思考、大胆实验都是一种可贵的品质。

道尔顿发现色盲

色盲是一种先天性色觉障碍疾病，患有这种眼部疾病的人无法分辨自然光谱中的各种颜色或某种颜色。第一个发现色盲症的是18世纪英国科学家道尔顿。

道尔顿于1766年出生于英国昆伯兰城鹰野村的一个贫苦农民家庭，从小没有受过正式教育。他的学问全是刻苦自修学来的，他在艰苦的自学中，不仅向书本学习，向大自然学习，还向一切有知识的人学习。由于他刻苦钻研，他一生中为人类作出了许多贡献，发现了“气体分压定律”和“倍比定律”，创立了原子学说等。就是这位恩格斯称为“近代化学之父”的道尔顿，在青少年时期曾经闹过许多笑话。不过，闹出的笑话都不是由于他的无知，而是因为他有一种先天的生理缺陷——色盲。

有一年，道尔顿与一些同是失学的少年朋友跑到昆伯兰城里玩耍。当他们漫步在宽阔大街的人行道时，正好有一列士兵从大街上走过。他正看着，身旁的一位小男孩指着士兵们的服装说：“多么鲜艳的红外套!”道尔顿马上反驳说：“你怎么这样笨，连颜色都辨别不出，行进中的士兵们所穿的衣服明明草绿色的，怎么会是红色的呢？你们大家说!”孩子们忍俊不禁，笑得道尔顿很窘迫，但是，他还是感到莫名其妙。

又过了10多年，道尔顿28岁的时候，他为了庆贺母亲的生日，特意安排时间到百货公司去，想选购一件她老人家喜爱的东西，作为给她的

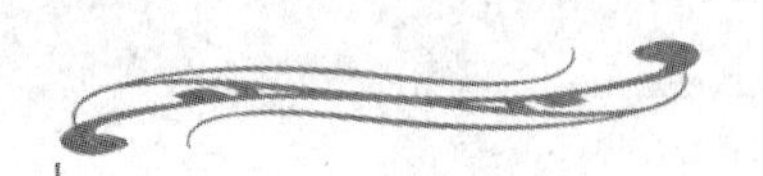

生日贺礼。尽管百货商店的商品琳琅满目，但都不合道尔顿的心意。选来挑去，道尔顿觉得一种极为高级的丝袜子不错，便拿在手中，仔细地端详着，袜子织得十分精细，色泽、式样俱佳，特别是那棕灰色的颜色，道尔顿认为最适合老年人穿，既雅致又大方，于是他就买下了那双袜子。

当道尔顿见到母亲后，恭恭敬敬地捧出刚买来的袜盒，从中取出袜子说："妈妈，这双袜子你穿上一定满意"，"傻孩子，我怎么能穿这么鲜艳的袜子呢？"母亲笑着说。道尔顿急忙说："这种棕灰色的袜子非常适合您穿！"。"哈哈"老太太大笑起来，此时佣人们也都跟着笑了起来，大家都认为道尔顿在开玩笑。哥哥听见笑声也跑了过来，茫然的道尔顿向哥哥问道："哥哥，这双棕灰色的袜子是不是最适合于妈妈这个年龄穿呀"。"哈哈"又是一阵哄堂大笑。"孩子，这双袜子明明是樱桃红的，你怎么说是棕灰色的呢？"妈妈笑着说。作为科学家的道尔顿，面对这种奇怪现象，一边是惊疑不止，一边则是要挖根刨底弄清真相。于是，他停下了手头的所有化学实验，进行专门研究，一心一意地想把它弄个水落石出。

道尔顿起初是研究气象学的，后改变志向研究化学。在化学研究中对化学药品、化学变化中的颜色辨认，是很重要的条件。在化学研究中，道尔顿后来进一步发现自己眼睛对颜色的辨别与正常视觉确实存在不同之处。例如，他从未看到过红色，别人视为是红色的，他看上去则是深蓝色的。于是他进而研究这种视色差异。他发现确有看不见某种颜色的人，其中有的看不见红色，有的是看不见绿色，也有红绿两色都看不见，还有看不见蓝色和黄色的，最突出的是任何颜色都看不出来。最后，他终于证实自己与哥哥均因隔代遗传的影响，患有一种先天性眼病，他把这眼病叫做"色盲"。

道尔顿虽然不是生物学家和医学家，却成了第一个发现色盲的人，也是第一个被发现的色盲症患者，为此他写了篇论文《论色盲》，成为世界上第一个提出色盲问题的人。后来，人们为了纪念他，又把色盲症称为道尔顿症。

道尔顿和他的哥哥患的就是红绿色盲。由于红绿色盲患者不能辨别红色和绿色，因而不适宜从事美术、纺织、印染、化工等需色觉敏感的工作。

那么色盲病的发生原因是怎样的呢？原来控制眼睛辨别红绿色觉的遗传因子也就是“基因”，它是一种控制人类性别的染色体，也叫性染色体。男子有一条X染色体，一条Y染色体（也是一种性染色体）。女子有两条X染色体。儿子能得到父亲的一条Y染色体和母亲的一条X染色体，女儿能得到父亲的一条X染色体，母亲的一条X染色体。色盲基因为Xx，当母亲的X染色体上控制红绿色觉的基因有缺陷时，这条X染色体又传给儿子，儿子从父亲那儿得到的Y染色体上又没有相对应的基因，儿子就会发生色盲。如果色盲的父亲把这条带有缺陷的X染色体传给女儿，但女儿又从母亲处得到一条正常的X染色体，女儿则不会发病。女性必须有两条X染色体都带有红绿色盲的基因才会发病。所以人类男子红绿色盲的发病率为7%～8%，而女性仅为0.5%。

历史上许多重要的偶然发现都是在强烈的好奇心驱使下实现的。正是由于对科学研究有着强烈的好奇心和责任感，并具备锲而不舍的品格，道尔顿才能从自己的生理缺陷中发现色盲问题，从而促进了遗传学、生物学以及医学研究的发展。

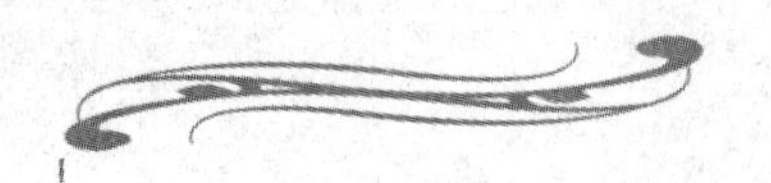

赫胥黎与牛津大论战

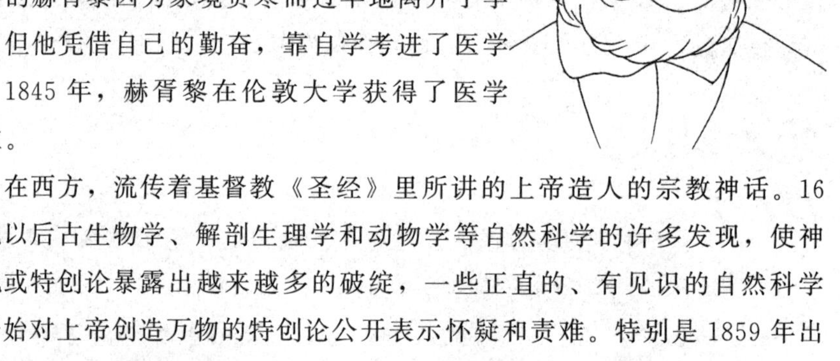

数千年的文明史，留下了许多真理与谬误大论战的篇章，著名的“牛津大论战”便是一例。这场论战的获胜者是自称为达尔文的“斗犬”——托马斯·赫胥黎。

赫胥黎1825年出生在英国一个教师家庭。早年的赫胥黎因为家境贫寒而过早地离开了学校。但他凭借自己的勤奋，靠自学考进了医学院。1845年，赫胥黎在伦敦大学获得了医学学位。

在西方，流传着基督教《圣经》里所讲的上帝造人的宗教神话。16世纪以后古生物学、解剖生理学和动物学等自然科学的许多发现，使神创说或特创论暴露出越来越多的破绽，一些正直的、有见识的自然科学家开始对上帝创造万物的特创论公开表示怀疑和责难。特别是1859年出版的达尔文的《物种起源》一书，创立了生物进化论，给唯心主义的特创论以毁灭性的打击。

年轻的博物学家赫胥黎一下子就敏锐地认识到了进化论所具有的革命意义和科学价值。赫胥黎以进化论为武器，研究了前人发现的人类头骨化石等资料，大胆地提出“人类是和猿类由同一个祖先分支而来的”。就这样，人猿同祖论首次被赫肯黎提了出来。这是人类起源认识史上一个新的里程碑。这个观点和上帝创造人的宗教神学观念是水火不相容的，因此它一出现就遭到种种疯狂的攻击和污蔑，引起了激烈的争论。在这种情况下，一场激烈斗争是不可避免的了。

1860年6月30日，牛津大学图书馆会议室里座无虚席。700余名学者、主教、青年大学生及一些太太小姐把这个本来比较宽敞的讲演厅挤得水泄不通。大名鼎鼎的牛津主教威尔伯斯福，解剖学家欧文，还有年轻的皇家学会会员、博物学家赫胥黎等知名人士都在讲台前就座。他们大多表情严肃。当天的会议与往日不同，热闹中透出几分紧张，因为在当天的会上将举行一场大辩论，主题是人类的起源问题。

首先登上讲坛挑起争端的是英国杰出的解剖学家欧文，他从解剖学的角度强调了大猩猩的脑和人脑的差异，并企图以此否定人类是由猿进化而来的观点。赫胥黎当场予以驳斥。接着，另外有一些学者起来发言，他们继续攻击达尔文和进化论。这样就在听众中造成了反进化论的气氛。于是英国圣公会主教威尔伯斯福以为时机成熟，得意扬扬地起来发难。这是一个宗教教义的顽固维护者，青年时在牛津数学院得过头奖，一贯恃才自傲，大家也认为他对自然知识各个部分无不精通。同时，他又能言善辩，以“油嘴的山姆”著称，因而教会选他出来维护正统的教义。

果然，主教趾高气扬地走上讲台，肆无忌惮地攻击起进化论。他摇唇鼓舌，耸人听闻地说：“朋友们，从达尔文先生的观点中，我们只能得出两种结论：要么是人类缺少一个不朽的灵魂；或者相反，每个动物、每种植物都有一个不朽的灵魂。每只虾、每只土豆……甚至一条低级的蚯蚓都有不朽的灵魂。如果是这么一回事，我想，今天晚上我们回家以后，就谁也别打算能吃下一份烤牛肉了。”主教在对进化论肆意歪曲一通之后，转向坐在旁边的赫胥黎，以讥讽的口吻问道：“我要请问一下坐在我的旁边、在我讲完以后要把我撕成粉碎的赫胥黎教授，请问他关于人从猴子传下来的理论。请问：跟猴子发生关系的，是你的祖父的一方，还是你的祖母的一方？”然后，他转用庄严的口吻，结束了他的恶毒的攻击。他蛮横地声称，达尔文学说是异端邪说，严重违反教义，千万不可相信。

赫胥黎的嘴角掠过一丝轻蔑的笑容。他从容不迫地站起身来，用充满自信的语调开始陈述起自己的观点。他首先指明了人类起源问题的艰难性和重要性，然后引用了解剖学、人猿比较学、胚胎发生学等知识，以确凿的事实和严密的逻辑推理，旁征博引，论述了人猿同祖的理论。他那生动而又深入浅出的说明，使广大听众中“即使没有解剖学专门知识的人也能明白”，而且不容置疑，许多人都被他那雄辩的话语所折服和吸引。

对于主教的嘲讽，赫肯黎蔑视地回答道：“关于人类起源于猴子的问题，当然不能像主教大人那样粗浅地理解，这只是说人类是由类似猴子那样的动物进化而来的。但是主教大人并不是用平静的、研究科学的态

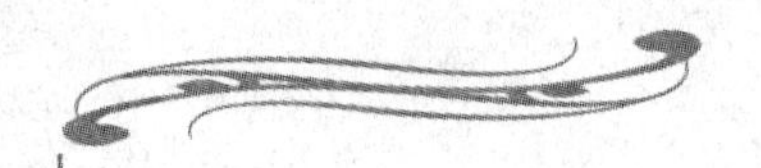

度向我提出问题，因此我只能这样回答……一个人没有理由因猴子是他的祖先而感到羞耻，而不学无术、信口雌黄……企图用煽动一部分听众的宗教偏见来压倒别人，这才是真正的羞耻!”最后赫胥黎说，他宁愿“要一个可怜的猿猴做自己的祖先”，也不要一个运用自己优厚的天赋和巨大的影响，却把“嘲讽奚落带进庄严的科学讨论”的人做祖先。这样，赫胥黎便巧妙地把这位主教大人比得连一只猴子也不如了。

赫胥黎驳斥完了以后，人群中爆发出一阵热烈的掌声。接着很多有正义感的学者、牛津大学的一些教师纷纷站出来，从不同方面阐述进化论，宣扬人猿同祖论，支持赫胥黎。而宗教神学的卫道士们则手足无措，无言以对。虔诚的天主教徒布留斯特夫人当场就昏了过去。

牛津大论战以赫胥黎为代表的进化论者大获全胜而载入科学史册，赫胥黎本人也以其正直无畏、机智勇敢而赢得了“达尔文斗士”的称号。1863 年，赫胥黎出版了《人类在自然界的位置》一书；1871 年，达尔文出版了《人类起源和性选择》一书。这些书，都从各个不同侧面提供了大量的事实材料，论证了人猿同祖论的正确性，为辩证唯物主义的人类起源理论奠定了基础。

知慧人生

人猿同祖论是人类起源的基本论点之一，也是唯物论与唯心论长期争论不休的一个根本问题。唯物主义认为，人类是自然界的产物，是客观物质世界经过长期演化的必然结果。唯心主义则认为，人是精神的产物，是由上帝创造出来的。人猿同祖论科学地论证了人与猿的同祖关系，正确地解释了人类的起源问题，这就唯物地说明了人与自然界的关系，因而必然要遭到唯心主义的抵制和反对。

巴甫洛夫发现“条件反射”

19世纪末，随着科学的发展，人类对自己身体各部分的构造已基本清楚，但对内脏器官的工作机理，对人体的司令部——大脑——以及神经系统的活动规律，却了解很少。因为内脏和大脑都隐藏在体内，它们工作的时候谁也看不见。怎样才能观察到它们的活动规律呢？解决这个难题的，是俄国杰出的生理学家巴甫洛夫。

巴甫洛夫1849年9月出生在俄国的梁赞。他的父亲是农奴教区的牧师，收入微薄，母亲是一位牧师的女儿，有时在富人家做女佣以贴补家用。巴甫洛夫是父母5个子女中的长子，因此自幼就养成了负责的个性。当时，俄国沙皇刚颁布法令，允许家庭贫穷但有天赋的孩子免费上学。巴甫洛夫两个条件都符合，因此就接受了小学和中学教育。1860年巴甫洛夫进入梁赞教会中学，1864年毕业后进入梁赞教会神学院，准备将来做传教士。但巴甫洛夫还没有在神学院毕业，就转而进了彼得堡大学。当时的俄国，科学还比较落后，从事科学研究的人极少。19世纪60年代，俄国一些伟大的革命民主主义者如赫尔岑、车尔尼雪夫斯基等与社会生活和科学上的反动思想进行着艰苦卓绝的斗争。这些革命先驱的思想，深深影响了巴甫洛夫，而真正引导他走上科学研究道路的，是俄国生理学派的创始人谢切诺夫的名著《大脑反射》。在书中，谢切诺夫抨击了神学思想，在哲学上证明了物质、存在为第一性，意识、思维为第二性的唯物论的基本原理。“我要知道人是怎样构造的，帮助人们成为健康、聪明、幸福的人。”正是怀着这一理想，巴甫洛夫后来在彼得堡大学

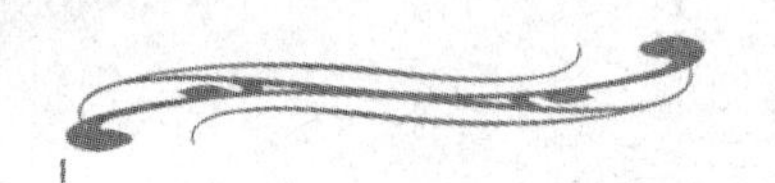

又放弃了法律、物理和数学等专业，改学生理学，从此踏上了揭示生命奥秘的人生旅途。

大学毕业后，巴甫洛夫一边在军医学院当助教，一边学习军医学院的医学课程。这一段学习生活对巴甫洛夫来说十分重要，因为他不仅积累了广博的知识，还学会了使用手术刀。1884年到1886年他又到德国去进修了两年。回到军事医学院后，他开始研究消化生理，探索出控制消化腺分泌特别是胃液分泌的神经机制。当时，研究生理学的医生大都是将动物麻醉后解剖，取出内脏器官来做实验。但是巴甫洛夫不赞成这种方法，因为实验的时候，器官已停止了正常状态下的工作，观察的结论当然不会准确。他主张进行一种“慢性实验”，就是实验的时候不让器官离开机体，也不做麻醉，这样就能观察到器官活动的真实规律。巴甫洛夫想：营养是生命的来源，要了解人体内脏的机理，理应从研究消化开始，首先应观察胃的消化活动。于是，巴甫洛夫将狗胃的一部分割开，做成一个通向体外的胃瘘管，再在狗的脖子上开一个口子，把食管切断，然后把两个断头都接到体外。在实验台上，在带瘘管的狗面前摆上一个食盘，饥饿的狗狼吞虎咽地吃了起来，可是咽下去的食物半路上从食管切口处掉了出来，又落在食盘里。狗虽然不停地吃，胃却始终大唱“空城计”。有趣的是，食物虽然没有进入胃里，但狗的嘴巴一动，一嚼食物，胃就开始分泌胃液，因为胃内没有杂物，透明纯净的胃液就从胃部瘘管中一滴一滴地流入外面接着的试管里。

这个实验告诉我们：食物并没有到胃里时，而胃已开始分泌胃液，说明胃液的分泌不是食物刺激胃的结果，而是大脑通过神经下达了命令。食物一进入嘴里，味觉神经就向大脑报告食物来了，叫胃准备消化。信号从大脑传到胃，胃液就分泌出来了。这个实验告诉人们：胃液的分泌不是食物刺激的结果，而是食物刺激了口中的味觉神经，味觉神经将信号传达到了大脑，大脑控制着胃液的分泌。由于巴甫洛夫的这项研究揭示了消化生理的详细情况，因而获得了1904年的诺贝尔医学与生理学奖。

人体内神经系统是最微妙最复杂的系统，不认识人的神经系统就无法认识人类。正因为如此，巴甫洛夫后来又把他的研究兴趣转移到了大脑上。食物刺激口中的神经导致胃中的一系列反应，也被称为无条件反射。这就像灰尘落进眼睛里，人就会眨眼一样，是与生俱来的反射，不需要任何训练就会产生，动物和人都是这样。可是，巴甫洛夫进行了这样一项实验：他在狗的面颊上切开一个小口，使唾液腺的导管经过它通向体外。这样，狗的唾液不是往嘴中流，而是流到挂在面颊上的漏斗中，滴入下面的量筒里。给实验台上的狗喂食物，唾液马上流了出来。这属于天生的反射，不需要任何训练就会产生，无论动物和人都是这样。

但是，巴甫洛夫构想了一个奇特的实验。在给狗喂食之前，打开电灯。因为灯光与食物没有任何联系，狗根本不理会，也不流唾液；而开灯后立即给狗喂食，狗的唾液就流出来了。从此，凡是喂狗的时候，灯光和食物总是先后同时出现。这样重复多次后，一个奇怪的现象出现了：只要灯光一亮，即使不喂食物，狗也会流出口水。可见，在狗的大脑里，灯光已经变成了食物的信号，所以狗一看见灯光，就作出消化食物的反应，流出唾液。巴甫洛夫把这称之为“条件反射”。条件反射是暂时的。对一条建立了条件反射的狗，如果总是只亮灯光，不给食物，狗的口水就会一次比一次少，最后就不再流口水了。暂时建立起来的神经联系也就消退了。

巴甫洛夫认为人类的心理活动也是一种复杂的条件反射，但同动物的行为有本质上的差别。因为人类在进化过程中学会了劳动，同时产生了语言，巴甫洛夫把语言叫作第二信号，由语言引起的活动，叫作第二信号系统活动。这是人类特有的高级神经活动。巴甫洛夫创立的学说，有史以来第一次对人类高级神经活动作出了科学论述，为研究人类大脑皮层的一系列复杂问题，开辟了新的途径。

虽然巴甫洛夫反对过分强调“心灵”“意识”等看不见、摸不着的仅凭主观臆断推测而得的东西，但鉴于他对心理学领域的重大贡献，人们还是将他归入了心理学家的行列，并视其为行为主义学派的先驱。行为主义学派是自精神分析学派后又一个权威的心理学派。

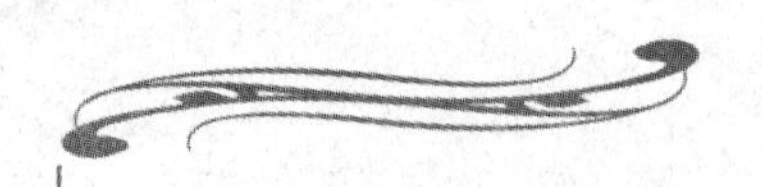

以巴甫洛夫为代表的行为主义学派认为人类的学习就是所谓的经验积累，是通过刺激和反射过程达到的。因此，巴甫洛夫曾告诫青年科学工作者，希望他们第一要循序渐进，第二是虚心，第三是热情。这是巴甫洛夫一生科学研究精神的写照，也是人们在学习过程中应该遵守的法则。

弗洛伊德的心理学发现

在人的生命运动中，心理活动是最为复杂和充满神奇色彩的。探索人的心灵，是一条有着无数艰难并充满荆棘的小路，是一条好像永远走不到头、看不到希望的小路，在这条小路上，只有不怕困难、敢于开拓的人才会看到胜利的曙光。奥地利心理学家西格蒙德·弗洛伊德就是坚持在这条小路上跋涉的勇士。

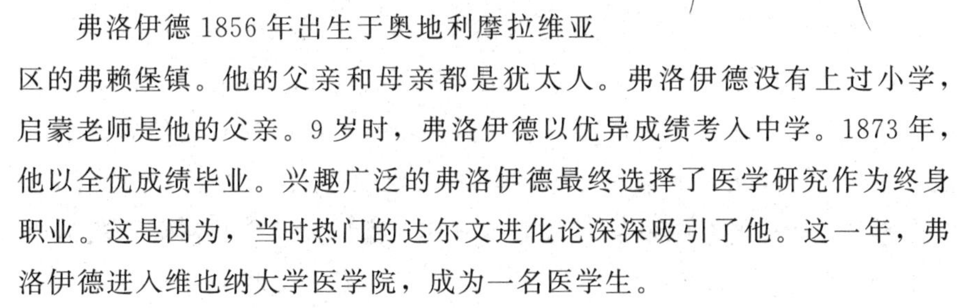

弗洛伊德1856年出生于奥地利摩拉维亚区的弗赖堡镇。他的父亲和母亲都是犹太人。弗洛伊德没有上过小学，启蒙老师是他的父亲。9岁时，弗洛伊德以优异成绩考入中学。1873年，他以全优成绩毕业。兴趣广泛的弗洛伊德最终选择了医学研究作为终身职业。这是因为，当时热门的达尔文进化论深深吸引了他。这一年，弗洛伊德进入维也纳大学医学院，成为一名医学生。

弗洛伊德兴趣广泛，除了专业课以外，许多其他专业的课他也不放过，甚至一些看来无关的实验练习，他都要去认真地做一下。弗洛伊德的疯狂学习劲引起了生理学教授布吕克的注意。1876年，布吕克教授把还在读大学三年级的弗洛伊德吸收进了自己的生理学实验室担任助手。在这里，弗洛伊德接受了科学研究的启蒙教育，研究方向是动物的生理机能和神经系统，这为他后来进行人类精神活动的深入研究打下了牢固的基础。

布吕克是一个严肃的科学家，只相信科学实验的结果。在生理学实验室，弗洛伊德逐渐掌握了观察方法的基本功，并认识到观察是研究事物的基本方法之一。经布吕克的指点，弗洛伊德完成了一个有趣的研究。他通过对一种原始的脊椎动物八目鳝神经元的内在结构研究，探讨了高等动物神经细胞与低等动物神经细胞的差别，并发现低等动物与高等动物的神经系统是一个连续的系列，从而推断整个生命体——从最低等的

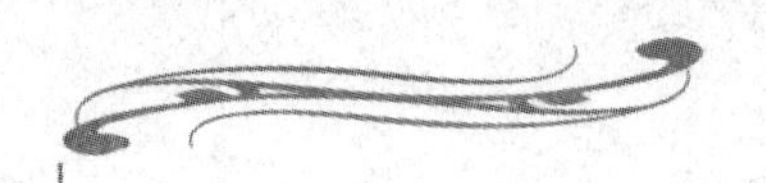

动物开始直到人类为止——是一个不断进化的系列。这项研究的意义不仅仅在生理学本身，还延伸到了哲学领域，更重要的是，回答了“人的本质是什么?”这样一个基本命题。一个尚未毕业的大学生就能取得这样的成功，自然引起了同行的关注，弗洛伊德开始在奥地利科学界崭露头角了。

1881年3月，弗洛伊德以优异成绩通过了维也纳医学院的毕业考试。次年，他开始了医学临床工作，外科、皮肤科、眼科以及神经精神科等专业的临床实践，为他日后的精神医学研究打下了更为扎实的基础。这一时期弗洛伊德的研究重心渐渐向某一专题集中，并正式把成为一个神经精神病医疗专家当做自己一生的奋斗目标。

当时欧洲最权威的神经病理学研究中心在法国的沙比特里尔医院。这家医院的院长沙考特教授是当时世界上数一数二的神经病学专家。后来，弗洛伊德来到了沙考特教授的门下，从事“歇斯底里病”的研究。歇斯底里病又称为癔症，是一种常见的神经官能症，多见于女性，大多因神经因素使大脑功能失调而发病。但在当时欧洲医学对这种病的看法极其愚昧，许多认识非常荒唐，治疗方法也很不人道。从沙考特开始，确定这是一种神经系统疾病，并采用电疗、浴疗、推拿和催眠疗法治愈了不少病人。

在沙比特里尔医院，弗洛伊德得到了深刻的启发，他被催眠疗法所吸引，进而把神经病治疗学作为自己的主攻方向。回到维也纳后，他正式开业行医，继续研究歇斯底里病及其治疗。经过多年的临床实践，弗洛伊德在理论研究和分析大量临床资料的基础上，与另一位医学家合作，出版了专著《论歇斯底里现象的心理机制》。在这部著作中，弗洛伊德没有过多描绘歇斯底里病症的表现和特性，而着重探究了这种病最深刻的原因——“潜意识”——的存在。

弗洛伊德发现，在人的意识的后面，有着一种深不可测的心智过程，这就是“潜意识”。“潜意识”栖息在人的心灵深处，如同一座冰山，大部分沉没在无意识的海洋之中，只有经过诱导和启发，才会浮上水面，转化为人的“意识”。“潜意识”的观念是弗洛伊德精神分析学的理论雏形，他以后一系列的研究成果就是沿着这条线索一步步地发展和完善起来的。

1895年，弗洛伊德的《歇斯底里研究》出版。在这部著作中，他提出了对抗“本能”的“抑制”学说。由此，他似乎看到了寻找人类心理世界的曙光。他说，走进这个神秘世界的道路有两条，一是自我分析，二是梦的解析。弗洛伊德曾把人的精神分为三个层面：意识、前意识和潜意识。在梦的解析过程中，弗洛伊德又发明了三个新概念与上述三种形式的心理状态相适应：“原我”“自我”和“超自我”。

1897年7月，弗洛伊德的精神分析学代表作《梦的解析》一书正式出版。在这部著作中，弗洛伊德认为：人精神活动的基础是意识，在这意识的后面有着潜意识。当人睡眠时，自觉的意识活动停止了，梦就成了潜意识最生动、最典型、最纯洁、最真实的表演。要破译人的潜意识可通过梦的解析来完成。

《梦的解析》的出版标志着弗洛伊德对人类精神活动的研究达到了一个新的高度，标志着精神分析学作为一门学科正式诞生。后人将这本书称为影响人类进程的著作之一。

精神分析学问世的最初几年中，并没有引起人们太多的关注，甚至不断遭到反对派的攻击。但从20世纪20年代起，随着精神分析理论逐步扩散，尤其在世界各个领域中的广泛渗透，弗洛伊德的名声越来越大。今天，医学中所采用的治疗精神疾病的许多方法，都是弗洛伊德精神分析学在临床上的直接应用。更重要的是，弗洛伊德精神分析学犹如一盏明灯，它的光照已超出了心理学和精神医学的范围，而在社会学、人类学、文学、艺术等各个方面发挥着作用。

知慧人生

弗洛伊德既被认为是伟大的科学家，也曾被斥责为搞假科学的骗子。但在面对荣辱的时候，弗洛伊德表现出了可贵的精神品质，充分体现出了他对科学的奉献精神以及健康、积极的人生态度。弗洛伊德的成功告诉人们：只有学会坚持并积极完善自我，才能把握好人生与事业的航向。

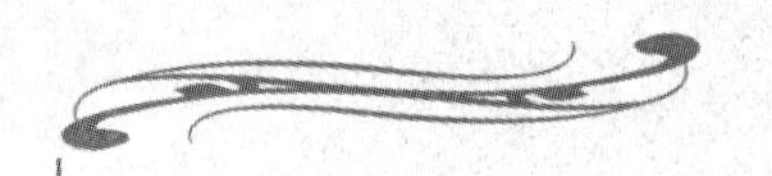

遗传学奠基人孟德尔

任何一门学科的形成与发展，总是同当时热衷于这门科学研究的杰出人物紧密相关，遗传学的形成与发展也不例外，它的奠基人是孟德尔。孟德尔开创了用数量统计方法研究遗传规律的先河，被称为“遗传学之父”。

孟德尔祖籍德国，于1822年出生在摩拉维亚的海钦道夫（现属捷克的海恩西斯），那里属于奥地利西里西亚的德语区。孟德尔的父亲是一位农民，在农务之余，极爱栽种花草果树。幼年的孟德尔经常随父亲在花园做些轻微的劳动。孟德尔6岁时在本村唯一的一所小学里读书，他学习努力，仅用4年的时间就学完了小学的全部课程。小学附近有一个小花园，专供学生课余时间种植花卉、果树及养蜂之用。孟德尔自幼就受到这种环境的熏陶，接受植物栽培、管理等方面的知识和训练。1832年孟德尔以全校第一名的成绩考入邻村的一所初级中学。1年后，他远离家乡，只身去外地求学。这期间，他的父亲因在一次劳动中受伤，丧失了劳动力，家境困难，无力在经济上给他更多支持，孟德尔就利用假期到学校附近的农庄打工。就在这种艰苦的条件下，他度过了6年的中学生活，并以优异的成绩毕业。

为了将来能成为一名牧师，1840年孟德尔考入奥尔米茨大学哲学院学习哲学。1843年结业后，他经人推荐，成为布尔诺一家修道院的教士，1847年升任该修道院的神父。1851年，孟德尔经修道院院长的推荐进维也纳大学学习，开始接受大学的系统教育。在这座著名的高等学府里，孟德尔如饥似渴地学习，在基础知识和基本操作方面打下了坚实的基础。同时，这些学者广博的知识和科学的思想方法对他日后在遗传学研究上的突破有着很大的影响。1853年8月，孟德尔结束了维也纳大学的学习生活回到了布尔诺，并在一所中学兼任代课教员。布尔诺修道院有一所植物园，在这座植物园里，孟德尔利用业余时间开始了长达12年的植物杂交试验。

孟德尔首先选中了豌豆作为实验材料。这是因为豌豆和其他园艺植物一样，都有所谓的纯种品系，在这个品系里，每颗豌豆看起来都一模一样。而对于不同品系，会有不同特质，例如种子外形，有的是圆形的，有的却是皱折的；而种子颜色，可能是黄色或绿色。豌豆还有另一个优势，就是每一株豌豆都有雄性和雌性器官，只要用画笔轻轻一刷，就可以传授雄蕊花粉，让雌蕊受精，这种现象被称为“自体受精”。

孟德尔将黄豌豆的花粉（等于雄性的精细胞），加入绿豌豆花的雌蕊里，结果在下一代豌豆中，发现有趣的事情：下一代的豌豆，并没有如预期般地出现混合的颜色，反而只像父母其中一方，全部都是黄色豌豆。如果两个品系的“血液”真的混合在一起，那么第二代豌豆，应该是黄、绿色的综合色，结果显然没有。

实验的第二个步骤，就是让第一代黄豌豆（就是黄豌豆和绿豌豆交配后的下一代）自体受精，用同一株植物的花粉，让雌蕊的卵细胞受精。后来出现令人意想不到的结果：原来两种颜色，黄色与绿色，同时在下一代豌豆中出现。也就是说，不管导致绿豌豆出现的物质是什么，它的作用都持续发生，尽管中间隔了一代全部都是黄豌豆。这个结果，完全不符合父母的特质会混合在一起的理论，遗传的机制似乎是透过粒子，而不是流体。

孟德尔的实验还没有结束，他在每一代豌豆中，都加入一些黄豌豆和绿豌豆。结果发现，第一代豌豆，也就是两个纯种品系交配而成的下一代，全部都是黄色的；到了第二代，也就是第一代黄豌豆自体受精所产生的下一代，黄豌豆和绿豌豆的出现比例是三比一。孟德尔还利用许多其他不同特质做交叉实验，如花朵颜色、植物高度、豌豆形状等，结果发现，所有实验结果都符合这个三比一的比例。这就是遗传学基本定律之一——独立分配定律。

孟德尔还拿一些不同特质的豌豆做配对实验，例如，用生长出黄色而表面平滑豌豆的植物，跟其他会长出绿色而表面有皱折的豌豆交配，结果还是符合他的法则。而且，豌豆颜色的遗传，完全不受形状的遗传影响。于是，他又据此演绎出另一项推论：每一种遗传特质都是受到单一基因的控制，而不是相同基因的不同变化，无论是相同特质的不同形

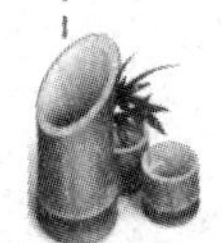

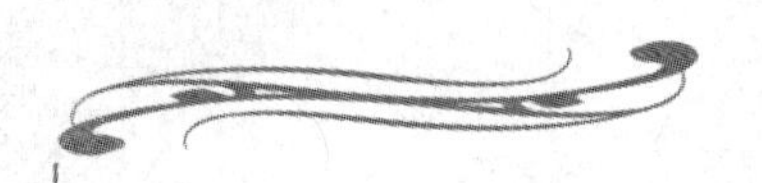

式（如颜色的黄或绿），还是完全不同的特质（如豌豆的颜色与形状），都是以分离的实质单位作为遗传基础。这就是后来遗传学中的另一个基本规律——分离定律。

1865年2月2日和3月8日，孟德尔在布尔诺召开的自然科学研究讨论会上两次发表了豌豆杂交试验的结果，并宣读了《植物杂交试验》论文。当时参加会议的有物理学家、天文学家、化学家及地质学家等40余人。他们敬佩孟德尔细心及持之以恒的观察、旁征博引的博学，但对于枯燥的数学演算他们感到惊奇却不耐烦，他们不理解为什么研究植物会与数学联系起来。因此整个会议气氛较为平淡。第二年，这份报告以一篇47页文章的形式，刊登在“自然研究会”的杂志上，但也未受到人们的重视。

1868年，孟德尔当选为修道院的院长，他因此不得不把植物学的研究放在第二位。1883年起，他患了胃病和心脏病。1884年1月6日，孟德尔与世长辞。当数千人为他送葬的时候，大家为失去一位可亲的乐于助人的院长而悲伤，但谁也不知道他们送走的是一位伟大的科学家。尽管当时还没有人承认他的研究成果，但是孟德尔坚信自己的研究是有价值的，他在逝世前几个月说：“我深信，全世界承认这项工作的成果已为期不远了。”

1900年，三位植物学家——荷兰的德弗里斯、德国的科伦斯和奥地利的丘尔马克——在《德国植物学会杂志》的第18卷上，发表了相同结论，他们分别在自己的研究中重新发现了孟德尔在35年前就已公布的遗传定律。终于，这个淹没了35年的伟大学说走向了世界。

孟德尔定律是现代遗传学的起点。他的发现在当年使许多杰出的生物学家都感到迷惑不解。作为一名业余科学家，孟德尔能取得这样的成绩，主要归功于勤奋，他一生记录下了21 000棵个体植物的实验结果，并对这些结果进行了科学的统计分析。

摩尔根创立新遗传理论

今天的很多生物技术如DNA重组、基因工程、“克隆”技术等，已经并将继续改变着世界的面貌，而它们无一不是建立在遗传学大厦的基础之上的。在遗传学研究领域，继孟德尔之后又出了一位杰出的人物，他就是被称为“现代遗传学之父”的美国著名生物学家摩尔根。

摩尔根于1866年生于美国肯塔基州列克星敦一个名门望族之家。

1886年，19岁的摩尔根进入了霍普金斯大学攻读博士学位。

在攻读博士学位期间和获得博士学位后的10多年里，摩尔根主要从事实验胚胎学的研究。1900年，孟德尔逝世16年后，他的遗传学说才又被人们重新发现。摩尔根也逐渐将研究方向转到了遗传学领域。摩尔根起初很相信这些定律，因为它们是建立在坚实的实验基础上的。但后来，许多问题使摩尔根越来越怀疑孟德尔的理论，他开始用果蝇进行诱发突变的实验。

他让手下的一名研究生在黑暗的环境里饲养果蝇，希望出现由于果蝇长期不用眼睛，使它们的视力逐渐消失，甚至眼睛萎缩或移位的品种。虽然连续繁殖了69代，始终不见天日的果蝇还是瞪着眼睛。第69代果蝇刚羽化出来时，一时睁不开眼睛，那个研究生兴奋地叫摩尔根过来看。还没等两人为实验成功击掌欢呼，那些果蝇便恢复了常态，大摇大摆地

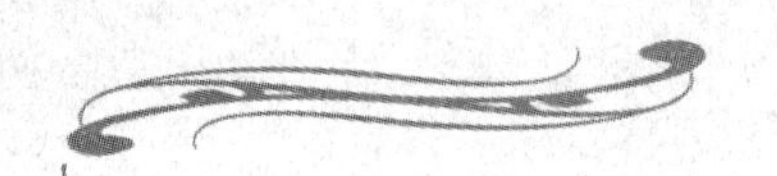

向窗口飞去，留下目瞪口呆的师徒二人。像这样一败涂地的实验，摩尔根做过许多次。他经常几十个实验同时进行，不出他所料，许多实验都走入了死胡同。

一晃两年过去了，1910 年 5 月，摩尔根在红眼的果蝇群中发现了一只异常的白眼雄性果蝇。他以前从来没有见过这样的类型，因此这只果蝇是罕见的突变品种。摩尔根激动万分，将这只宝贝果蝇放在单独的瓶子中饲养。每天晚上，摩尔根带着这只果蝇回家，睡觉时将实验瓶放在身边，白天又带着它去上班，生怕果蝇出现意外。在他的精心照料下，原本虚弱的白眼果蝇终于在与一只红眼雌性果蝇交配后才寿终正寝，将突变的基因留给了下一代果蝇，也留给了苦心栽培它的摩尔根。10 天后，第一代杂交果蝇长大了，全部是红眼果蝇。按照孟德尔的学说，红眼基因相对白眼基因是显性，因此珍贵的突变基因只是躲到了“后台”。摩尔根当然不会放过检验前人理论的机会，他用第一代杂交果蝇互相交配，产生第二代杂交果蝇。焦急地等待了 10 天，摩尔根得到了第二代杂交果蝇，其中有 3 470 个红眼的，782 个白眼的，基本符合 3∶1 的比例。这下，摩尔根对孟德尔真正服气了，实验结果完全符合孟德尔从豌豆中总结出的规律。

当摩尔根坐在显微镜旁边，再次定睛观察这些瞪着白眼的果蝇时，他发现了一个不同于孟德尔定律的现象。按照孟德尔的自由组合定律，那些长着白眼的果蝇，它们的性别应当是有雄性的，也有雌性的。然而这些白眼果蝇居然全部是雄性，没有一只是雌性的。也就是说，突变出来的白眼基因伴随着雄性个体遗传。摩尔根终于从果蝇身上看到了孟德尔在豌豆上观察不到的现象。对特殊现象的解释，就是建立新的定律。摩尔根知道，果蝇的 4 对染色体中，有一对是决定性别的。其中雌性果蝇中的两条性染色体完全一样，记为 XX 染色体；雄性果蝇中的性染色体一大一小，记为 XY 染色体。摩尔根判断，白眼基因位于 X 染色体上。因此，当他的那只宝贝白眼果蝇与正常的红眼果蝇交配后，由于红眼是显性基因，因此后代不论雌雄，都是红眼果蝇；当第二次进行杂交时，体内含有白眼基因的雌性红眼果蝇与正常的雄性红眼果蝇交配，就会出现含白眼基因的一条 X 染色体与一条 Y 染色体结合，生成第二代杂交果蝇中的白眼类型，而且都是雄性的。摩尔根把这种白眼基因跟随 X 染色体遗传的现象，叫作“连锁”。

摩尔根的学生发现了一种突变性状——果蝇的小翅基因，给摩尔根新创立的理论带来了挑战。这种突变基因是伴性遗传的，与白眼基因一样位于X染色体。但是当染色体配对时，这两个基因有时却并不像是连锁在一起的。例如，携带白眼基因与小翅基因的果蝇，根据连锁原理，产生的下一代应该只有两种类型，要么是白眼小翅的，要么是红眼正常翅的。但是摩尔根却发现，还出现了一些白眼正常翅和红眼小翅的类型。怎么解释这种现象呢？摩尔根提出，染色体上的基因连锁群并不像铁链一样牢靠，有时染色体也会发生断裂，甚至与另一条染色体互换部分基因。两个基因在染色体上的位置距离越远，它们之间出现变故的可能性就越大，染色体交换基因的频率就越大。白眼基因与小翅基因虽然同在一条染色体上，但是相距较远，因此当染色体彼此互换部分基因时，果蝇产生的后代中就会出现新的类型。这就是“互换”定律。

“连锁与互换定律”是摩尔根在遗传学领域的一大贡献，它和孟德尔的分离定律、自由组合定律一道，被称为遗传学三大定律。

1915年，摩尔根和人合作出版了《孟德尔遗传机理》一书。在这部划时代的著作中，摩尔根和他的同事们总结了对果蝇的研究结果，提出了“染色体—基因”理论。为表彰摩尔根在创立染色体遗传理论方面的功绩，诺贝尔基金会授予他1933年度生理学及医学奖。

摩尔根的“染色体—基因”理论的创立标志着经典遗传学发展到了细胞遗传学阶段，并在这个基础上展现了现代生化遗传学和分子遗传学的前景，成为今天的遗传学从经典遗传学中继承下来的最重要的遗产。

知慧人生

敢于质疑、喜欢刨根问底是科学家必备的基本素质。摩尔根不仅敢于怀疑已有的科学发现和规律，而且还对已经建立好的科学定律进行怀疑式探索，因而他能在胚胎学、遗传学、细胞学和进化论等研究领域都取得丰硕的成果。

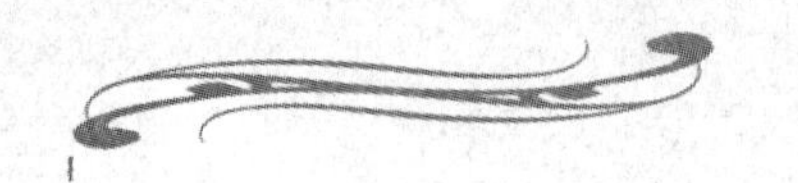

高尔顿和优生学

19世纪中叶，达尔文在《物种起源》中提出“物竞天择，适者生存”的进化学说后，人们很快就意识到人类本身作为生物之一，也同样通过长期的自然选择而逐步进化成现代人。那么，在人类进化的历史长河中，就会有一个改善、提高人类质量的问题。优生学就是这样一门研究如何改良人的遗传素质，产生优秀后代的学科。它的创立者是英国人类学家法兰西斯·高尔顿。

高尔顿1822年出生于英格兰伯明翰一个显赫的银行家家庭，他的祖父和父亲都是热爱自然的科学家。他的外祖父正是《物种起源》作者达尔文的祖父，高尔顿是达尔文的表弟。

高尔顿自幼聪颖，22岁即获得牛津大学和剑桥大学的博士学位。此后，他对地理科学产生兴趣。他先后创立了生物统计学、人类遗传学，并用数学方法研究人类遗传。他曾考察了1660—1868年间286名英国法官和他们的亲族情况，经过统计，得出平均每100个英国法官的亲属中共有38.3个名人，而全英国平均4 000人中才有1个名人。由此证明天才在法官中是遗传的。

在深入研究、详细调查、广泛论证的基础上，高尔顿于1883年提出优生学的概念，正式创立了优生学说。他的主要观点是：人类要繁荣昌盛，一代胜过一代，就必须促使有优良或健全素质的人口增加，使有不良素质的人口减少，以改进人类的遗传素质。

高尔顿先后写了很多论文和专著阐述他的思想，以极大的热情积极建议对古今各国不同社会阶层的生育情况进行广泛调查，寻找某些家庭所以昌盛的原因，深入研究影响人类婚姻状况的各种因素，普及遗传知识，向全民宣传优生学的重要意义。

1904 年，高尔顿出资在伦敦大学设立优生学讲座。4 年后，他发起成立英国优生学教育会并出版《优生学评论》，使优生学在国际范围内得到传播。1912 年，在高尔顿去世后的第一年，第一届国际优生学会议在伦敦召开，高尔顿的理想终于发展成为一种国际性的科学和社会活动。

高尔顿的优生学理论，其出发点并不坏。因为“优生”一词，通俗地讲就是“生一个健康的孩子”，这是保证人类种族和人类社会健康发展的首要条件。但在 20 世纪 30—40 年代，优生学却受到了种族主义的歪曲和利用。1939 年 9 月 1 日，希特勒签署了“实施慈悲死亡”的命令，德国许多残疾人、精神病人、吉卜赛人，特别是 600 万犹太人被列为“劣等人”惨遭杀害，成为“优生运动”的牺牲品。

1998 年，在我国召开的第 18 届国际遗传学大会决定，鉴于“优生学”这一名词的诸多歧义，在科学文献中不再提这个词。尽管如此，人们也不能抹杀高尔顿的贡献。因为，优生的思想现在早已深入人心。

现代优生学包括两个方面，即正优生学和负优生学。前者致力于增加人群中遗传素质优秀的个体。某些措施尚属试验研究阶段，还有一些社会伦理学方面的问题有待解决，但是发展前景将无可限量。后者致力于减少人群中智力和体质不良的个体，具体措施有遗传咨询、产前诊断和治疗性流产等。这虽是一种消极的手段，却有其积极意义。

兰德斯坦纳发现血型

19世纪初，许多病人在接受了输血之后，事故接连不断：有的病人在接受输血后，会突然出现发冷发热、头痛胸闷、呼吸紧迫和心脏衰竭等症状，甚至因此而死亡。这究竟是怎么回事呢？人们百思不得其解。因此，在很长一段时间内，输血虽被认为是一种挽救生命的良策，却不敢贸然使用。为了解开输血反应之谜，人们进行了种种研究和探索。奥地利医生、病理学家卡尔·兰德斯坦纳首先揭开了这个谜底。

兰德斯坦纳1868年生于奥地利首都维也纳。

兰德斯坦纳对多名因输血反应而丧生的病人作了仔细的病理分析，从这些病人的病理变化中，他想：是否会是输入的血液与病人原有的血液混合后，产生某种不良的变化而造成的呢？究竟是怎样的变化呢？这一连串的谜，只有通过实践才能解开。于是，他把实验室里的5位同事召集起来，谈了自己的设想。他想先看一看，实验室里这6个人之间，彼此的血液混合以后，究竟会有什么变化。他小心地从每个人的静脉里抽出一小管血液，然后把它分离成淡黄色半透明的血清和鲜红色的红细胞两部分。接着，在一个白色大瓷盘里，分开滴下6滴来自同一个人的血清。兰德斯坦纳再把从每个人的血液中分离出来的红细胞，分别滴在每一滴血清上。顷刻间，一种奇怪的现象出现了：有几滴血清滴入红细胞后，呈现均匀一致的淡红色；而另几滴血清里滴入的红细胞却凝结成絮团状，红色的凝块散布在淡黄色的血清里，形成鲜明的对比。怎么回事呢？再看看第二个人的情况。兰德斯坦纳又把第二个人的血清一一滴在瓷盘里，再把6个人的红细胞分别滴在每滴血清上。结果同样出现了两种截然不同的现象。

兰德斯坦纳把凡是滴入红细胞后出现絮状凝集的，用“＋”号表示，不出现凝集的，用“－”号表示。当他把6个人的血清按照同样方法试验一遍后，就得出了一张具有划时代意义的表格。

兰德斯坦纳被这张表示实验结果的表格迷住了，一连几天凝神苦思这张表格所显示的意义。他发现：每个人的血清和自己的红细胞相遇，都不会产生凝集；而不同人的红细胞和不同人的血清相混，就可能出现不同的结果。如果产生凝集反应，那絮状的团块就会堵塞体内的毛细血管，这不正是输血反应的根源吗？想到这里，兰德斯坦纳茅塞顿开，不禁高兴得跳了起来。

根据以上结果，1900年兰德斯坦纳正式宣布：人类有3种血型，不同血型的红细胞和血清相混而产生的凝集，是致命的输血反应的秘密所在。他还用第Ⅱ型和第Ⅲ型的血清，制成用来测定人类血型的标准血清。只要在输血前预先测定血型，选择与病人相同血型的输血者，就可以保证安全。

1902年，兰德斯坦纳的学生狄卡斯德罗对155个正常人重复了老师的试验，发现有151人的反应类型与兰德斯坦纳宣布的血型反应均完全相同，而另外4人的红细胞，除了和自己的血清不发生凝集以外，对其他人的血清都发生凝集，这说明有第四种血型的存在。因为这一类血型的人较少，兰德斯坦纳只做了6个人的试验，所以没有发现它的存在。这种血型后来被命名为AB型。1907年，有人总结归纳了血型的相互关系，把血型统一划分为：A型、B型、O型和AB型。其中，O型血无论输给哪一种血型的人，都不会发生凝集反应，所以被称为“万能输血者”；相反，AB血型的人，除了同型血的人以外，不能输血给任何别的血型的人，但他可以接受任何血型的输血而不致产生凝集反应，所以被称为“万能受血者”。

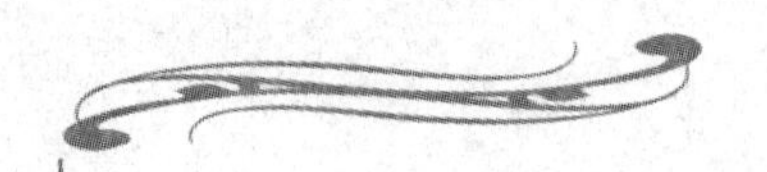

兰德斯坦纳的研究成果找到了以往输血失败的主要原因，为安全输血提供了理论指导，但在当时许多人并不清楚这项科学发现在医学上的重要意义。1908年，兰德斯坦纳离开了维也纳病理研究所，到威海米娜医院当医生。一次，兰德斯坦纳运用血清免疫的原理把病人的病原因子输到一只猴子身上，待猴子产生抗体之后，再把猴子的血制成含有一种抗体的血清，将这种血清接种到病人身上，治好了患者的病。

兰德斯坦纳从此出了名。奥地利医学界人士承认他很有才能，维也纳大学聘请他为病理学教授。但兰德斯坦纳最关心的还是血型研究。他的工作在奥地利不受重视，他辗转到了美国的洛克菲勒医学院做研究员。在当时，以A，B，AB，O四种血型进行输血，偶尔还会发生输同型血后自然产生溶血现象，这对病人的生命安全是一个极大的威胁。1927年，兰德斯坦纳与美国免疫学家菲利普·列文共同发现了血液中的M，N，P因子，从而比较科学、完整地解释了某些多次输同型血发生的溶血反应和妇产科中新生儿溶血症问题。

兰德斯坦纳对于人类血型的杰出研究成果，不仅为安全输血和治疗新生儿溶血症提供了科学的理论基础，而且对免疫学、遗传学、法医学都具有重大意义。兰德斯坦纳也因此在1930年获得诺贝尔医学及生理学奖。

近几十年来，许多医学工作者通过继续深入研究，又发现了人体的许多种血型类别。到今天，已发现15个血型系统，90多种血型。2001年，世界卫生组织等四家旨在提高全球血液安全的国际组织联合倡导，将兰德斯坦纳的生日，每年的6月14日定为“世界献血者日”。

米歇尔发现核酸

我们知道，生命是蛋白质存在的形式。在发现核酸前，人们一直认为蛋白质是生命的最重要物质，后来的研究发现：制造蛋白质的核酸才是生命的“幕后操纵者”。最早发现核酸的人是瑞士科学家米歇尔。

米歇尔 1844 年出生于瑞士巴塞尔一个卓越的科学家家庭。19 岁时，米歇尔考入巴赛尔学院。毕业后，他孤身一人远离家乡到德国杜宾根大学拜师学艺，师从生物化学家霍佩·赛勒，专攻细胞化学的组成成分。

在进行细胞化学研究时，米歇尔得到了一种含磷量很高的物质，这种物质引起了他的兴趣，因为这种物质从未有过报道，为此他把位于细胞核中含磷量特别高的物质称为“核素”，他将自己的研究结果整理成文呈送给他的导师塞勒后就打道回府了。

从德国回到瑞士后，米歇尔依然不忘他发现的“核素”，故乡莱茵河畔的渔场又成了他经常光顾的地方，因为那里有他取之不尽、用之不竭的实验材料——鲑鱼精子。不仅取材方便，而且使这位年轻人欣喜的是鲑鱼精子中，细胞核差不多占细胞的 90%。当然，米歇尔的兴趣不在细胞核，而在于细胞核中的“核素”。他紧紧盯住“核素”，非要把“核素”

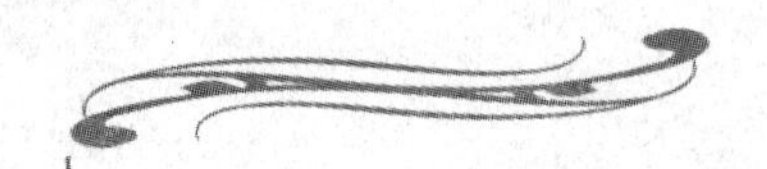

弄个水落石出。由于米歇尔争分夺秒地劳作，在很短时间内，他就查明了“核素”中含有许多由磷酸产生的酸性基团，“核素”是一种大分子组成的物质。

正当米歇尔在莱茵河畔追踪“核素”时，他的德国导师塞勒也从酵母菌中提取出了“核素”。照塞勒的看法，酵母中的“核素”与米歇尔提取的“核素”并不相同，因此他把酵母中提取出来的“核素”称为“酵母核素”，而米歇尔发现的“核素”由于很容易从动物的胸腺中取得，所以称为“胸腺核素”。所谓“酵母核素”就是我们今天所说的核糖核酸，而“胸腺核素”就是脱氧核糖核酸。

米歇尔的发现，当时受到很多人的非议甚至攻击，但世界各国仍有众多科学家投身于核酸的研究之中。1889 年，与米歇尔同一实验室的生物学家奥尔特曼分离了“核素”中的蛋白质，得到了一种酸性物质。因为这种物质是从细胞核中提取出来的，因此他将其称为“核酸”。此时的米歇尔已 45 岁，实际上，他当初的研究已接近了核酸分离的最后阶段，奥尔特曼仅是把“核素”的研究向前推进一步。

由于核酸不是维生素、蛋白质、脂肪和糖等营养物质，而且生物自身就能产生所需的核酸，因此它被发现后一直未受到应有的注意。尽管当时米歇尔也未料到他的发现会具有生命遗传、克隆技术养育基因、防病治病和延缓衰老领域的里程碑作用，但是人类揭开生命之谜的壮举却从此开始了。

知识链接

世界上各种有生命的物质都含有蛋白体，蛋白体中有核酸和蛋白质，至今还没有发现有蛋白质而没有核酸的生命，可见核酸是真正的生命物质。科学研究发现，人类无法从食物中直接摄取核酸，人体细胞内的核酸都是自己合成的。服用核酸对人体而言毫无营养价值，过度摄入核酸甚至会造成肾结石等疾病。

梅契尼科夫发现吞噬细胞

病菌在自然界分布很广，人很容易与它们相遇，但为什么生病的只是其中的一部分人呢？原来，我们的身体里有一种细胞，像哨兵一样在体内巡逻，一旦发现了病菌，就会把它们吃掉，这样我们就幸免于难了。除非我们的“哨兵”太少或者战斗力不强，吃不掉病菌，病菌才会在机体内大量繁殖，引起疾病。这种微妙的细胞是由俄国病理学家梅契尼科夫发现的。

梅契尼科夫 1845 年生于乌克兰哈尔科夫州伊万诺夫村的一个农民家庭，17 岁时以优异成绩考入卡尔可夫大学。贵族学生看不起他，但他却以顽强的毅力学习，只用两年时间就完成了大学的全部学业。接着，他就到德国的格林缪根大学去留学。

在德国留学期间，梅契尼科夫埋头学习和试验，曾发生过这样一件趣事：有一次，他在实验室做实验，聚精会神地操作，目不转睛地观察，一丝不苟地记录。一直到天黑，才发现实验室的大门被管理人员在外面锁上了。梅契尼科夫虽然又渴又饿，但他却把这一夜当作极好的实验机会。他整整在实验室里工作了一夜，第二天一上班，当管理人员打开大门，发现梅契尼科夫正在继续实验时，迷惑不解地问道：“你怎么这么早到实验室来了？”

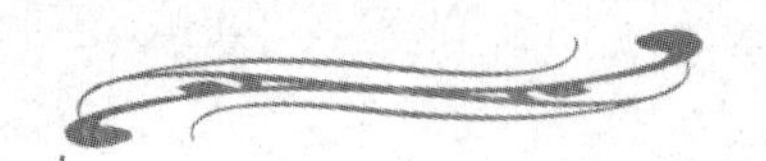

1865年，20岁的梅契尼科夫获硕士学位。23岁时，他因为研究低等动物胚胎发育的卓著成绩，获得了动物学博士学位。此后，梅契尼科夫回到俄国，被任命为乌克兰敖德萨大学的动物学教授。他发现细胞内有消化现象。接着，他在一次研究海星的幼虫时，竟发现一些白细胞能游走，并吞噬着异物，使本身的创伤愈合。后来，经过多次实验证实，如果病菌数目不多，就可能被白细胞完全吞噬、消失，机体就不致患病；如果病原数目过多，白细胞就不能全部吃掉它们，机体就会患病或残废。根据这些研究成果，梅契尼科夫系统地提出了“吞噬细胞理论”，于1884年发表了他的名著《机体对细菌的斗争》。他在书中说，白细胞就像机体中的流动部队一样，吞噬、清扫着入侵的细菌和其他异物，保卫着机体的健康。

梅契尼科夫的理论震动了整个医学界，但也遭到了一些学者的反对。德国和奥地利的许多科学家常常在各种会议和有关刊物上反对梅契尼科夫。一位年老的德国科学家每年在一种重要的科学刊物上，写一篇驳斥吞噬细胞理论的文章。另一些科学家振振有词地说：“是老鼠的血清杀死了细菌，而不是血液中的吞噬细胞。”有的权威人物甚至挖苦他说：“梅契尼科夫的吞噬理论，会吃掉他自己，让他见鬼去吧！”

梅契尼科夫是一个不达目的不罢休的人，他对这些诽谤的回答是：“沿着别人的脚印走并不困难，但我要坚定地走自己的路！”法国微生物学家巴斯德十分赞赏和支持他，特地把他邀请到巴黎大学当了教授，并担任了新成立的巴斯德研究院的副院长。从此，梅契尼科夫继续深入地研究他的免疫学并发表了一系列的重要著作，不断地揭示细胞免疫的奥秘。他的理论，经受住了科学的考验，赢得越来越多的人的承认。1908年，梅契尼科夫光荣地获得了诺贝尔生理学和医学奖金。

知慧人生

梅契尼科夫有句名言：“人借助于科学，就可纠正自然界的缺陷。”人类正是通过几千年来的科学技术积累，共同在和谐的科学发展中创造了辉煌的物质文明。正是有了梅契尼科夫等科学家们的艰苦探索，我们才有了今天的幸福生活。科学就在我们身边。

艾因特霍芬发明心电图机

心电图机是当今最普及、最安全可靠、无创伤性了解心脏功能疾患的医用电子仪器。早在100多年前它就已经被发明出来了，它的发明者是荷兰病理学家艾因特霍芬。

艾因特霍芬1860年出生在当时还是荷兰殖民地的印度尼西亚。他的父亲是一位医生，在他小的时候便过世了。艾因特霍芬的母亲在1870年带他回到了荷兰。后来，年轻的艾因特霍芬进入乌特勒克大学，师从病理学家及眼科专家杜德氏教授。杜德氏毫无保留地对艾因特霍芬言传身教，将自己珍贵的研究资料送给了他，并且再三对他说："目前科学界对心脏研究得还不够，希望你以后致力于这方面的探索。"艾因特霍芬听从了恩师的建议，开始了对心脏的研究。

19世纪末，科学家首先在动物体内，而后在人体内发现心脏搏动时伴有微弱的电活动。这种生物电流极其微弱，一般在毫伏级，而且它的变化非常快，一般的电流计很难测出这种变化。不久后，一位科学家首先研制出记录生物电的仪器——毛细管电位计。但是，该电位计测量瞬间变化的生物电，诸如心电的效果很不理想。为了探求心电电子描计器的机械原理，艾因特霍芬转入物理系苦苦钻研。1885年艾因特霍芬来到莱顿学院，任病理学教授，进一步对他的课题进行研究。

工夫不负有心人，1891年，艾因特霍芬终于成功地研制出了弦线电流计。他在两极强磁场之间，垂直放一根极细的石英丝，其直径约有红细胞的1/4。当石英丝的两端分别与需测量组织相接时，如有电流通过弦线，弦线就会在磁场中发生偏转，其偏转程度与通过弦线的电流强度成正比，通过这一装置可以准确地记录组织中微弱电流的情况。在此基础上，艾因特霍芬又经过不懈的努力，终于在1903年发明了弦线型心电图机。但行事谨慎的艾因特霍芬仍觉得自己的机器不够完善，唯恐贻笑大

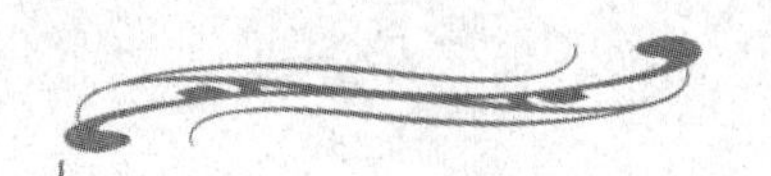

方，一直没有公布自己的发明。

一次，莱顿大学附属医院来了一个情况很危险的心脏病患者，医生们一致认为这病人的心脏跳动过分轻微，无法测定，为此也无法诊断。正在大家束手无策的时候，艾因特霍芬用他早已研制成功的心电图机为患者做了检查，非常准确地测定了这位患者的心跳等数据，并画出了心电图。

心电图机为什么能对心脏进行检查并画出心电图呢？原来，人体心脏的生物电按一定的规律不停地变化着。这些变化包括兴奋的传导方向、传导途径和持续时间等。这些微弱而复杂的生物电流通过人体周围组织和体液的传导反映到身体表面，用心电图机在体表测量并记录下这些电变化，用曲线反映出来，这就是心电图。正常心电图是一组有规律变化的波形曲线，每个波都有一定的高度、宽度和形状。当发生心律不齐、心肌炎、心肌缺血或心脏受到某些药物影响时，这些波就会出现改变，或宽或窄，或高或低，甚至在本不该出现波形的地方出现异常波。医生通过测量和计算就可以判断出心脏的活动是否正常，作为诊断疾病的依据之一。

艾因特霍芬将经过实践得以证实的心电图机公之于众后，在当时引起了巨大的轰动，并在 1924 年荣获诺贝尔生理学和医学奖。3 年后，艾因特霍芬在荷兰莱顿逝世。

100 多年来，心电图机应用于临床，已成为抢救病人生命和指导医生治疗心脏病的重要依据，目前仍然是心脏常规检查中不可替代的诊断方法之一。鉴于艾因特霍芬对心电图的创立及发展有着多方面的开创性的卓越贡献，他被尊称为“心电图之父”。

知慧人生

谦虚使人进步，因为它可以让人永远把自己置于学习的地位。艾因特霍芬就以谦逊而著称，即使在获得诺贝尔奖之后也常常自喻为“一个非常普通的小教授，虽然在工作中尽职尽能，但有时还是不能胜任自己的工作”。与他的刻苦钻研精神比起来，这种美德更值得后人学习。

神经系统的工程师谢灵顿

人体处于经常变化的环境中，环境的变化随时影响着体内的各种功能。这就需要对体内各种功能不断作出迅速而完善的调节，使机体适应内外环境的变化。实现这一调节功能的系统主要就是神经系统。人类对神经系统的认识经历了漫长的过程，最早把神经系统的活动看作是有客观规律指导，从而揭开其神秘面纱的是英国生理学家谢灵顿。

谢灵顿1856年生于英国伦敦。他从小就兴趣广泛，多才多艺。中学毕业后，谢灵顿到伦敦圣托马斯医校学习。1879年，他在剑桥大学凯尤斯学院攻读生理学，成绩优异。1882年在剑桥大学自然科学名誉学位考试时，他独占鳌头；翌年第二次考试，他又成绩卓著，被认为是出类拔萃的学生。

1894年，谢灵顿发现支配肌肉的神经含有感觉神经纤维和引起肌肉收缩的运动神经纤维。他证明在反射活动中，当一群肌肉兴奋时，相对的另一群肌肉就被抑制，这种交互神经支配理论被称为“谢灵顿定律”。

几个世纪以来，关于神经系统的结构和功能的资料及理论，都是零打碎敲的，在每一个领域里都有激烈争论。谢灵顿用10年时间系统地研究了膝反射赖以发生的肌肉和神经情况，对每条脊髓神经根的分布范围，进行了深入探索，建立了生理研究所需的解剖学基础。他对神经解剖学

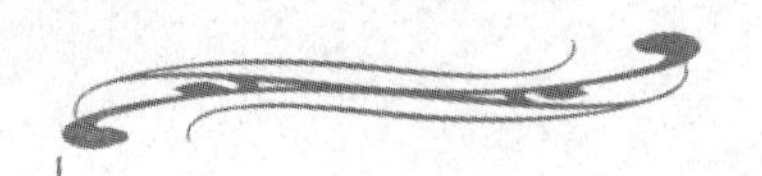

有三大贡献：描述了运动神经通道，证实了肌肉中存在感受神经，探索了脊髓后根的皮肤分布情况。他发现神经协调的秘密是反射配合，而反射配合是由反射共同通道周围反射弧的活动建立的。支配这种活动的，是神经细胞间的联系部位，谢灵顿称之为“突触”。后来他又对交互神经支配进行周密的研究，提出一个经典定义：交互神经支配是一种协作形式，即抑制性运动的脊髓反射与许多兴奋性运动的脊髓反射常常同时发生，当一对对抗肌中的一条肌肉主动收缩时，另一条对抗肌就松弛。

在总结过去工作的基础上，谢灵顿于1906年出版了《神经系统的整合作用》专著。此书影响深远，对现代神经生理学，特别是脑外科和神经失调的临床治疗，均有重大影响。此后，谢灵顿开始对这部著作中所提出的概念进行检验和提炼。他最关注的问题之一就是抑制。1925年，谢灵顿整理了经过25年实践所得到的论据，从伸肌反射和屈肌反射中看到的肌肉收缩现象出发，进而推论突触处所发生的情况。他证明，抑制虽然在性质上与兴奋相同，并服从同样的规律，但是一种不同的现象。关于运动单位的概念，他进行了多年研究，发现这可看作是共同通道原理更高级更有实验根据的发展，这就是脊髓运动神经元，它用轴突的分支控制和协调100根以上肌肉纤维的活动。

谢灵顿一生作出的最大贡献是对交互神经支配和抑制不可分割的分析，对肌肉张力的研究，对产生神经细胞单独行为和整合行为的研究，及对突触作用性质下的定义。由于以上成就，他不但获得了1932年诺贝尔生理学和医学奖，而且还被人誉为“神经系统的工程师”。今天，谢灵顿所提出的论据、名词和概念已成为神经科学的基础。

知识链接

神经科学一词开始出现于20世纪60年代，泛指与神经系统的结构和功能有关的知识和研究，也称“脑科学”。人类对脑的了解落后于对其他器官的了解，这主要是由神经系统的高度复杂性决定的。正因为如此，自1901年首次颁发诺贝尔生理学或医学奖以来，至今已有与神经科学有关的将近20项研究获奖。

斯佩里发现大脑分工

人为什么能够创造呢？在人脑的思维活动中，最深奥的就是创造。长期以来，生理学家、心理学家、教育学家和脑科学家们一直在进行研究，希望揭开人脑思维规律和创造的秘密。这个使人们迷惑不解的问题，终于在1974年被美国芝加哥大学神经病医生斯佩里揭开了。

斯佩里最初的研究重点是猫，包括切断猫的胼胝体——连接大脑左右半球、使两半球能共享信息并互相沟通的众多神经纤维组织。通过动物实验，斯佩里开始相信大脑的不同半球负责不同的行为。问题是由于伦理方面的原因，他不能对人进行同样的研究，他不能故意切断人脑部的胼胝体。

20世纪60年代，为防止癫痫病人癫痫发作，医生们开始采取一种新手术，故意切断这些病人的胼胝体，使一侧大脑半球的病灶所产生的神经电暴不能扩散到另一半球去。手术后患者的病情得到了极大的改善，而且也未出现不良的后遗症，如人格和智力的改变等。然而经过这样手术的人，毕竟与常人有所不同了，他们实际上成了有两个独立的大脑的所谓“裂脑人”。

正常人的大脑有两个半球，但是由于胼胝体的连接，左、右两个半球的信息可在瞬间进行交流，因此，正常人的大脑是作为一个整体而起作用的。人们很早就知道大脑两半球在机能上有分工，左半球感受并控

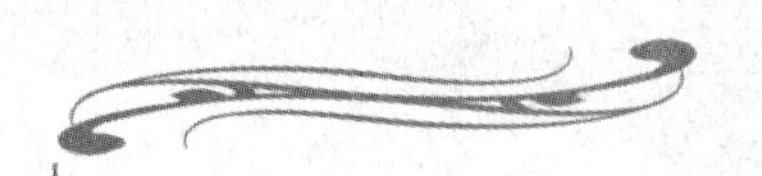

制右边的身体，右半球感受并控制左边的身体。1861 年，法国医生布罗卡发现患有失语症的病人，其大脑左半球额叶有损伤。这个部位后来就被称为“布罗卡”区，它涉及人的说话功能，是运动性语言中枢。以后人们又陆续发现了左半球的其他一些部位与书写、阅读等功能有关，只有少数左撇子的人语言中枢在右半球或分在两个半球上。由于大多数人的语言中枢位于左半球，大脑左半球就被人们称为“优势半球”。

从 1961 年开始，斯佩里对“裂脑人”进行了一系列长时间的实验研究。后来，斯佩里证明，人类和猫一样，大脑的不同半球分管不同的活动。左脑的主要功能：记忆、语言、书写、计算、逻辑推理、分析与综合等；右脑的主要功能：视知觉、空间关系、音乐、美术、直觉思维、发射思维、想象、情感等。从大脑两半球的分工看，左半球是以“知识型”的功能为主，因而被称为“知识脑”；右半球是以创造型的功能为主，所以叫做“创造脑”。因此，开发人的创造力，最重要的是训练右脑。左右脑的分工，是相对而言的，实际上它们是互相联系、互相影响的，只有当大脑两半球高度协调一致时，才能产生最大的创造力。

千万年来，紧紧闭锁着的“创造”圣殿的大门，意想不到地被斯佩里打开了。这项研究是 1971—1974 年完成的，当时他 60 岁左右。由于这项功绩，斯佩里被授予了 1981 年诺贝尔生理学和医学奖。

知慧人生

斯佩里是一位普普通通的医生，本没有多大的独创能力，更不具有阐明创造本质的雄心壮志。但是，他却意外地在一般观察中做出了振奋人心的创造，这件事本身也同时说明：发明发现的机会对任何人都均等地存在着。

麦克林托克与“跳跃”基因

在科学发展的长河里，有无数叱咤风云、引领时代的英雄人物，但也有一些“奇特”的人们，他们的思想远远超出了他们所在的时代，他们甘冒被众人不理解的风险，以其独特的方式探索并坚持真理。巴巴拉·麦克林托克就是这样一个具有非凡思想的奇特人物。这个终生研究玉米染色体的“玉米老太太”是科学史上最富有传奇色彩的人物之一。她81岁时，因为自己四五十年前发现的基因“跳跃”现象获得了诺贝尔奖。

麦克林托克1902年生于美国康涅狄格州的哈特福德。1919年，麦克林托克进入了康奈尔大学农学院。大学三年级时，她选修了遗传学课程和细胞学课程。快毕业时，她打定主意在本校再继续攻读学位，钻研自己喜欢的遗传领域前沿课题。1923年，她大学毕业，获得了理学学士学位。读研究生一年级时，她给一位细胞学家担任助手，发明了一种鉴定玉米染色体的方法，将一条染色体与其他染色体区别开来，并在两三天之内就把这个方法熟练掌握了。麦克林托克发现自己如此轻易就获得了成功，更加认定自己找到了发展方向，打算在这个领域接着研究下去。

20世纪20年代遗传学是美国一个堪称世界级的科学，也是当时生物学中最抽象的领域，DNA尚未被发现，基因仍是个模糊可疑的概念。在1910—1916年间，摩尔根的果蝇小组确定了基因与染色体的关系，染色体带有遗传成分。而康奈尔大学的遗传学研究重心是美国传统农业植物——玉米。

麦克林托克是玉米小组里的骨干成员。她用一种新染色技术成功地鉴定和描绘了玉米染色单体的长度、形状和模式，并证实在性细胞形成时所发生的遗传信息交换是和染色体物质交换一起进行的，这一研究成果，被称为“真正伟大的现代生物学实验”之一、实验遗传学的里程碑。康奈尔玉米小组把玉米遗传研究提高到可以和果蝇竞争的地位，同时，也为麦克林托克确立了美国第一流的细胞遗传学家的地位。

1944 年，麦克林托克成为美国全国科学院院士，第二年开始担任美国遗传学会主席，这是一个从未让妇女担任过的职位。在当时轻视妇女的美国科学界，她被公认为仅有的几个出类拔萃的人物，被广为赞扬。

根据孟德尔的经典遗传学理论，基因是成串排列的、固定的。只有在同一对染色体里基因才能发生交换，但这交换也不能产生任何有用的信息。任何新信息的产生只能等待基因发生突变，尽管十万次复制中才能出现一次错误，但这次错误说不定就能表达出与以往不同的东西，使生物产生新的性状。再经过自然界的选择，适宜的便保留下来，不适宜的将被淘汰。如果基因如此稳定，进化如此缓慢，地球上多姿多彩的生物要经过多少年才能产生啊！麦克林托克对此不以为然，经过多年的研究，她提出了新的见解。

1948 年，麦克林托克公开介绍了一个术语：转座子。转座包括两个过程：染色体因子从原来的位置释放，插到一个新位置上。基因在染色体上能移动位置，也就是说能“转座”，在当时遗传学界简直是闻所未闻。因为按照传统的观念，基因在染色体上是固定不变的，要它从染色体的一个位置“跳”到另一个位置，甚至“跳”到别的染色体上，那是科学家们从来没有想过的。

1951 年夏，当麦克林托克在一次学术交流会上向同行们介绍自己的新成果——跳跃基因学说——时，有人嗤嗤发笑；有些人则公开抱怨无法理解她的答案；有人表示怀疑，单独一个人怎么可能取得她在报告中所介绍的那么多成果呢？有不少人说她过度亢奋，甚至说她完全疯了，因为她的认识违背了关于遗传信息的构架是固定不变的这种普遍共识。此后，这位原来在美国遗传学界享有盛誉的女科学家，经受了她一生中相当长时间的孤寂和苦闷，朋友和同事大都和她渐渐疏远，她只好离群索居，几乎成了孤家寡人。

在以后的岁月里，科学家们在细菌、真菌和其他高等动植物中都逐渐发现了许多与麦克林托克转座因子相同或相似的现象，迫使人们不得不重新回过头来审视麦克林托克在玉米中的研究，对麦克林托克工作比较清楚的几位科学家也努力揭示真相，人们逐渐认识了麦克林托克的研究成果。

1976 年，麦克林托克的理论终于得到了认可。在大家的眼里，麦克林托克用传统的遗传学和细胞学研究的手段得出了“转座子”的概念，解决了用分子生物学和分子遗传学的方法才能解决的问题。因此，越来越多的科学家惊讶于她超越时代的科学发现，以及她那不屈不挠超越常人的意志和毅力，甚至预测她将获得诺贝尔奖。

1983 年，瑞典皇家科学院诺贝尔奖金评定委员会终于把该年度的生理学或医学奖授予这位 81 岁高龄的科学家。她成为遗传学研究领域第一位独立获得诺贝尔奖的女科学家。1992 年 9 月 2 日，麦克林托克去世，终年 90 岁。她一生未婚，只对玉米情有独钟。

现在，麦克林托克的理论使人们改造生命的梦想变为了现实。人们可以把基因转移给细菌，让它合成各种激素、免疫球蛋白、疫苗，取代以前从动物体内提炼的陈旧工艺，也可把基因注入遗传病患者体内，完善他的基因库。她的成就奠定了遗传工程学的理论基础，为现代医学、生理学和农学打开了一个全新的领域。

信念、自信、兴趣、独立思考和埋头行动是取得科研成功的重要因素。有了这些要素，就不会在困难面前退缩，而是千方百计地调动各种力量去克服困难。麦克林托克在没有任何援助的情况下，正是依靠着无限的活力以及对科学的彻底献身精神，获得了一系列在细胞遗传学历史上无与伦比的重大发现。

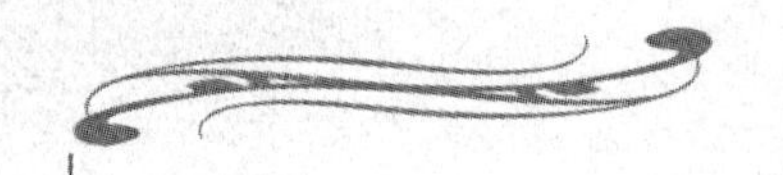

生化遗传学创始人比德尔

1902年，英国医生加罗德对由遗传因素所致白化病的患者和正常人作了生物化学上的比较，发现白化病是由于缺少一种酶引起的，这样他第一次把人们的注意力引向了基因和酶的关系。同时，遗传学家也已认识到基因在以某种方式影响着化学水平上的细胞过程，并进一步提出基因与代谢控制有着紧密的联系。之后一些生物学家分别提出了基因本身就是酶的推测。为人们揭开这个谜题的是美国生物学家比德尔。

比德尔1903年出生于美国内布拉斯加州一户农民家庭。1922年，比德尔考入了内布拉斯加林肯大学。在这里，他遇上了刚从康奈尔大学回来的凯姆教授并担任其研究助理，从事小麦杂交的研究。当时，康奈尔大学以研究农作物的遗传学而闻名，是植物遗传学的中心，可以与哥伦比亚大学的摩尔根学派相媲美。在凯姆的坚持下，比德尔到了康奈尔大学，与麦克林托克一道种植玉米，他的课题是“决定玉米花粉不育的遗传机制”，这是一个十分难啃的世纪难题，其机理至今仍未完全弄清楚——幸好比德尔及时地离开了它。麦克林托克本人也放弃了这个当时无法解决的问题，转而研究玉米染色体的行为，后来她终于发现基因的跳跃性而荣获诺贝尔奖。

1928年，全力以赴地在地里种植和收割玉米的比德尔，参加了由纽约植物园一名科学家多吉举办的讨论会，那时这位科学家正在用一种真菌——红色面包霉——做遗传杂交实验，他观察到一些很有意思的分离现象。比德尔猜测这可能与摩尔根的学生布里奇斯关于果蝇异型染色体交换机制有关，在后来的研究中，比德尔并没有找到这两者间的确切联系，但红色面包霉却在他脑海中留下了深刻的印象。1931 年，比德尔获博士学位后，来到加州理工学院，在遗传学大师摩尔根领导的“蝇室”从事果蝇细胞遗传学研究。

1937 年，比德尔来到了斯坦福大学，在这里，他遇到了微生物学家泰特姆，两人一致决定用红色面包霉来进行研究。所谓红色面包霉，就是发霉的面包上长出的红毛。这种微小的生物与豌豆、果蝇相比，有许多不同，其中最大的不同是决定红色面包霉所有性质和形状的基因只有一个，因为红色面包霉的细胞与豌豆、果蝇等这些高等植物和动物的生殖细胞一样，只有一套染色体，这种生物体就叫作“单倍体”。单倍体的所有性状不是由一对对的基因决定的，而是由一个个的基因所决定。所以红色面包霉中，无论是显性基因突变为隐性基因，还是隐性基因突变为显性基因，可以立即由表现出来的性状反映出来。红色面包霉与豌豆、果蝇等相比，其繁殖速度更快而且更加容易在人工控制下培养。

比德尔和泰特姆先用 X 射线照射红色面包霉孢子以增加突变率，然后将处理过的孢子放到相对接合型的原子囊果上进行杂交，从每一个成熟的子囊果取一个子囊孢子接种到完全培养基上使它生长，再将每一株红色面包霉接种到基本培养基。所谓基本培养基，就是需要红色面包霉进行所有基本合成反应的培养基。野生型红色面包霉当然能在基本培养基上生长。如果某一株系能在完全培养基上生长而不能在基本培养基上生长，即可认定是某种营养缺陷型突变株。如果在基本培养基中添加了某种营养物质后它又能生长了，则可推断出它是哪一种营养缺陷型突变株。

比德尔和泰特姆在进行了许多不同类型的营养缺陷型突变株的筛选、鉴定和杂交实验后发现，每一种营养缺陷都在杂交实验中呈现孟德尔分离。这说明，营养缺陷是和基因突变直接相关的，并且每一种基因突变只阻断某一生化反应。人们早已熟知每一种生化反应都特异性地依赖于一种酶的催化。由此，比德尔和泰特姆得出：基因的作用乃是控制一种特定酶的产生；基因突变影响某种酶的正常合成，从而阻断该酶所催化

的生化反应，最终影响性状。

比德尔和泰特姆的论文以《红色面包霉中生化反应的遗传控制》为题发表在1941年的《美国科学院院报》上。1945年，比德尔和泰特姆正式用“一个基因一个酶假说”这样简洁的语言来表述他们的思想。这个结论是遗传学家和生物化学家共同劳动的结晶，其中包含着极其丰富的科学内涵。由于这项研究，比德尔和泰特姆共同获1958年诺贝尔生理学和医学奖。

“一个基因一个酶假说”的提出，是遗传学史上一个极其重要的转折点，它不仅标志着生化遗传学的兴起，也为分子遗传学的诞生作了准备。比德尔当之无愧地被誉为现代生物技术的奠基人。

“一个基因一个酶假说”并不是很准确，因为基因所编码的蛋白的功能是多样的，不只是酶这种形式。随着方法的进步，后来的科学家们进一步弄清楚了基因与酶的关系是建立在基因与多肽链严密对应的关系基础上的。于是科学家们将“一个基因一个酶假说”变成了“一个基因一条多肽链假说”。

人体重大发现

生命的起源

生命的起源在哪里呢？这一直是科学家们关注的课题。从现在的研究成果看，科学家们普遍认为生命起源于海洋。

水是生命活动的重要成分，海水的庇护能有效防止紫外线对生命的杀伤。大约在45亿年前，地球就形成了。大约在38亿年前，当地球的陆地还是一片荒芜时，在咆哮的海洋中就开始孕育了生命——最原始的细胞，其结构和现代细菌很相似。大约经过了1亿年的进化，海洋中原始细胞逐渐演变成为原始的单细胞藻类，这大概是最原始的生命。由于原始藻类的繁殖，并进行光合作用，产生了氧气和二氧化碳，为生命的进化准备了条件。这种原始的单细胞藻类又经历亿万年的进化，产生了原

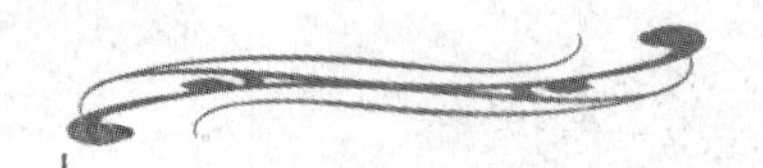

始水母、海绵、三叶虫、鹦鹉螺、蛤类、珊瑚等，海洋中的鱼类大约是在4亿年前出现的。

由于月亮吸引力的作用，引起海洋潮汐现象。涨潮时，海水拍击海岸；退潮时，大片浅滩暴露在阳光下。原先栖息在海洋中的某些生物，在海陆交界的潮间带经受了锻炼，同时，臭氧层的形成，可以防止紫外线的伤害，使海洋生物登陆成为可能，有些生物就在陆地生存下来。首先是植物，接着是动物。几千万年以后，许多古代的两栖动物都灭绝了，只在地球的温带留下了它们的后裔，主要是青蛙之类的动物。这时，自然选择再次制造了奇迹：一些两栖动物可以体内受精。它们生下的卵外面包有一层皮质硬壳，不受干旱和来自陆地的各种危险的影响，并且它们还可以离开水生殖。这些两栖动物最后进化成为爬行动物，屈指算来，爬行类动物出现并逐渐开始在陆上横行霸道应当是1亿～2亿年前的事情了。那时候，地球气候温暖如春，遍地都是茂密的森林，给爬行动物提供了异常丰富的食物源。因此，它们逐渐繁盛起来，种类也越来越多：有的长了长腿，喜欢在陆地上奔跑；有的则完全失去了双腿，长得像蛇一样；有的腿又变成了像鱼类一样的鳍状肢，重新回到水里；有的长出了翅膀，向天空中飞去……最为突出的一类分化为鳄鱼和恐龙。恐龙后来成为侏罗纪世界的统治者。

6 000万年前，不知什么原因，恐龙从地球上神秘地消失了。此后，一些身体小的爬行动物进化成为现在的蛇、蜥蜴和乌龟之类，而另一类小型的恐龙则进化为鸟类的祖先始祖鸟。

在恐龙还是地球霸主的年代里，有一些从最初的爬行动物发展出来的小动物就开始活跃起来。与爬行动物相比，它们有两个显著的差异：一是它们遍身长毛，二是它们的血恒温恒热。而此前，大多数脊椎动物的血液都不能保持一定的温度。爬行动物的全盛期过后，这些新兴的动物似乎表现出了对地球环境更为强大的适应力，因而也得到了很大的发展，它们后来成为最古老的哺乳类动物。

在此后的3 000万年间，像爬行动物当初发展的轨道一样，哺乳动物经历了一个迅速发展的繁荣期。今天众多的各类哺乳动物都是从早期的原始动物分化而来的。

原始哺乳动物中有一种吃水果、昆虫、栖居树上的小动物成为灵长类动物的直接祖先，从它们的各种身体特征来看，它们应当是现代狐猴的祖先。科学家们在美国怀俄明州发现了生活在 5 800 万年前的古狐猴的化石。它们的一些后代进而演变成现代猿，如大猩猩、长臂猿及黑猩猩。同时，另有少数的古狐猴从树上跳了下来到地面搜寻食物，并慢慢地站立起来，发现并学会了使用火。

在距今 800 万年前，地球上出现了人类的祖先——古猿，继后又出现了南猿和猿人。这些人类的远古祖先，为了生存下来，不间断地向自然界索取食物，从采集野果到捕捉小虫，从野外打猎到驯养培植动物，经过不断的劳动，使脑和肌肉更加发达与健全。在这条进化大道上，它们慢慢地向人类演变着，把生命之旅带进了人类文明的新纪元。

当生命日历翻到了新生代第四纪——距今 250 万年前——的时候，人类的祖先出现了，喜怒交加、爱恨交织、和平发展的人类文明史终于揭开了序幕。

生物的进化历经了数十亿年。如果我们把地球形成至今的整个历史用一年 12 个月来比喻，那么地球形成的日期算作 1 月 1 日，地壳约形成于 2 月份，最早的生物体大约出现于 4 月份，恐龙类生物的全盛时期就到了 12 月中旬，从类人猿进化成人类，只有两小时的历史——发生在 12 月 31 日晚上 10 点钟左右。从古人到现代人类，在这一比喻中，目前才生存了 5 分钟。

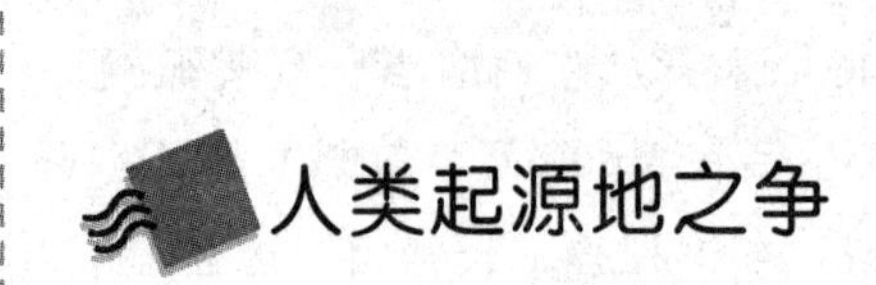

人类起源地之争

古人类学和历史学著述经常提到人类起源地。关于人类的起源地是哪里，一直以来有着非常热烈的争论，至今已经持续了一百多年。

达尔文在1871年提出，人类的诞生地是非洲。当时还没有发现智人以前的早期人类化石，达尔文的理由是，与人类最相近的动物是大猩猩和黑猩猩这两种猿，如今都生存在非洲，因而我们最早的祖先很可能是在非洲。19世纪后期，德国的海克尔提出人类起源于亚洲，因为亚洲的长臂猿和猩猩与人相似的程度大于非洲的猿类，由此他推测东南亚是人类的诞生地。海克尔的信徒之一荷兰的杜布哇于19世纪末去印度尼西亚寻找人类祖先，发现了爪哇猿人化石，但很长时间不被承认。从1927年开始，在我国北京附近的周口店进行了系统的发掘，首先发现了牙齿，定名为北京猿人，1929年底，由裴文中负责发掘工作，发现了第一个北京猿人头盖骨，由此被作为人类起源于亚洲的证据。但是，从1924年起，先是在南非汤恩发现了南方古猿的化石，以后在南非的其他几个地点也发现了同类的化石，特别是从20世纪60年代末开始，在东非的许多地点发现了多种南方古猿类的化石。它的系统地位，经过多年的争论，70年代以来被人类学界一致承认是属于人的系统，是人类发展的第一个阶段，它们的形态远比亚洲的猿人更原始，年代远比后者更早，从而又提出了人类起源于非洲的论点。

由于非洲的早期人类化石主要发现于东非，因此对东非的古环境怎样促使人类的诞生，有着许多论述。专家们认为，整个非洲大陆原先覆盖着一片森林。在大约距今 1 000 万年前开始，东部下面的地壳逐渐发生变化，沿着从今天的坦桑尼亚、肯尼亚、埃塞俄比亚到红海一线裂开，使肯尼亚和埃塞俄比亚东部的陆地上升，形成海拔 270 米以上的大高地，在东非形成了从北到南的一条长而弯曲的峡谷，深达几百米，叫作“东非大裂谷”。

大裂谷的形成改变了非洲的地貌和气候，以前从西到东的一致的气流被破坏了，隆起的高地使东部的地面成了少雨的地区，丧失了森林生存的条件，连续的森林覆盖开始断裂成一片片的树林，形成一种片林、疏林和灌木地的镶嵌生态环境，东西动物群的交往也受到了阻碍。

在 20 世纪 60 年代，荷兰阿姆斯特丹大学的生态学家科特兰特就提出了人和猿在非洲的分歧是由于东非大裂谷形成的假设。1994 年 5 月法国的古人类学家柯盘斯发表文章说，距今 300 万年以上的人科化石的地点，都是在大裂谷东边的埃塞俄比亚、肯尼亚和坦桑尼亚发现的，没有例外；而在这个时期里，这个地区却没有发现任何有关大猩猩和黑猩猩的化石。他的解释是裂谷形成以后，西边由大西洋来的气流照常带来雨量，而东边则由于上升的西藏高原西缘的阻碍，形成季节性的季风。因而原先的非洲广大地区，分为两种不同的气候和植被。西边仍旧湿润，而东边则变得干旱；西边保持着森林和林地，东边则成为空旷的稀树草原。由于这种情况产生的压力，人猿的共同祖先也发生了分裂。西边的较大居群的共同祖先的后裔适应于湿润的森林环境，成为两种大猿；而东边的较小居群的共同祖先的后裔则相反，出现了一种全新的对空旷环境适应的新生活，成为人科成员。这种假设被叫作“东边的故事”。

1995 年 11 月，英国的《自然》杂志上又提出了“西边的故事”的问题。美国的古人类学家布鲁内特在非洲的乍得发现了南方古猿的部分下颌骨，其年代为距今 300 万～350 万年。乍得位于西方大约 5 400 千米的非洲大陆中心，因而布鲁内特说：“人类起源不只是东边的故事，也是西边的故事。”

近100多年来，人类诞生地是非洲还是亚洲的问题，已有过反复。目前在非洲发现的人科化石还只有400多万年，更早的化石还没有可靠的资料，因而现在还不能肯定非洲是人类最早起源的地方，也不能排除人类起源于亚洲的可能性。到目前为止，关于人类起源地的争论仍在继续，并且在很长一段时间内不会有一致的声音。

知识链接

我国有广大的新生代地层，在这些地层中已发现了大量的高等哺乳动物化石的灵长类化石，特别是多种古猿化石，其中最早的高等灵长类化石已距今4 000万年左右，另外还有一些零星的可能是早期人科成员和早期旧石器文化的线索，这些证据还有待调查和发掘。

“夏娃”理论

从20世纪开始，人类一直在寻求人类起源问题的科学答案，并形成了许多理论。最近，国外一些科学家提出了一个现代人起源理论，被称为“夏娃”理论，从而引发了一场颇为热烈的讨论。

“夏娃”理论是现代分子生物学发展的产物。20世纪，人们发现了细胞中的线粒体，1963年，又发现线粒体中也有DNA。线粒体DNA在许多方面不同于细胞核DNA。最重要的是，线粒体DNA的遗传方式十分独特，即严格的母系遗传。脊椎动物精子中的线粒体DNA不会进入受精卵，即使个别进入，也会很快分解。所以子代的线粒体DNA只来自母方，父方的线粒体DNA不会遗传给子代。

20世纪80年代，人们运用10多种限制性内切酶确定了人类线粒体DNA的基本顺序。人类的线粒体DNA共有441个限制性切点，其中63%个位点是恒定的，37%个位点则是可变的。美国加州大学伯克莱分校的威尔逊遗传小组研究了世界不同种族居民的线粒体DNA，他们发现全人类的线粒体DNA基本相同，差异很少，平均歧异率为0.32%左右，而线粒体DNA又是严格的母系遗传，因此，从逻辑上说，现代世界各种族居民的线粒体DNA最终都是从一个共同的女性祖先那儿遗传下来的。威尔逊小组通过追溯不同种族线粒体DNA的原型，确定了现代人类线粒体DNA的发展谱系。他们发现，现代人类的线粒体DNA可以分成两大类，第一类仅见于一些非洲人中，第二类则分布于包括其他非洲人在内的所有种族中。而第二类线粒体DNA的最终源头也在非洲人中。也就是说，现代人类的线粒体DNA均来自非洲的一位女性，她是人类各种族的共同祖先。威尔逊等人说：“我们可以将这位幸运的女性称为夏娃，她的世系一直延续至今。”这一理论因此被称为“夏娃”理论。同时，在现代各种族中，非洲人之间的线粒体DNA的差异最大，这表明非洲人线粒体

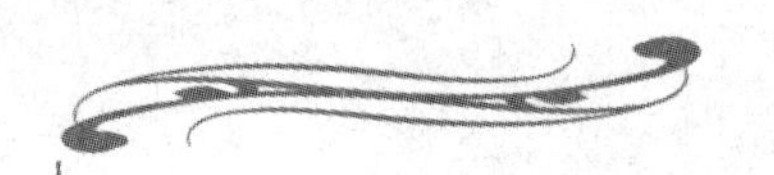

DNA中所积累的突变最多。非洲人是最古老的种族，从而也证明了非洲人是最早出现的现代人类。

威尔逊等人认为，当时的非洲也许有几千个男女同“夏娃”生活在一起，但其他女性并没有生下女性后裔，所以她们的线粒体DNA谱系也就断绝了，只有“夏娃”的女性后裔代代繁衍，日益昌盛。威尔逊小组认为线粒体DNA的进化速度为每100万年2%～4%，据此推算，这位人类的共同祖先“夏娃”应当生活在14万至19万年之前。大概在9万至18万年之前，她的一些后代离开非洲迁徙到世界各地。当时，世界各地已有许多古人类在生息，如欧洲的尼人、中国的北京人等。威尔逊小组认为，“夏娃”的后代们，也就是现代人的祖先来到世界各地后，并没有与当地土著的古人类混合交融，而是“完全取代了”他们。这是因为，如果现代人的祖先与土著古人类混合的话，那些古人类就会将自身的与“夏娃”不同的线粒体DNA遗传下来，现代居民中也就会出现许多种线粒体DNA。

“夏娃”理论提出后，在科学界及社会公众中引起了较为强烈的反响。一些古人类学家坚决反对这个理论，他们认为，化石材料表明世界各地区的现代人类是从当地的古人类发展而来的，并不存在着“完全取代”。一些分子生物学家也坚决反对“夏娃”理论，并指出了其在计算机程序及计算方法上的错误。面对来自各方的猛烈批评，“夏娃”论者不断提出新材料论证自己的观点，并修改了某些说法，他们正准备提出更有力的材料。这场讨论至今仍激烈进行着，无论结果如何，都将有助于更进一步认识人类的起源问题。

现代人的起源与人类起源有着不同的含义，现代人的起源是指现在生活在世界上不同地区的黄种人、白种人、黑种人和棕种人，他们是怎样起源的，也就是说早期人类是怎样演变成人的问题。而人类的起源指的主要是古猿怎样演变成现代人的问题，是从猿到人的问题，以及早期人类怎样演变成较晚人类的问题。

遗传的秘密

俗话说“种瓜得瓜，种豆得豆，撒什么种子结什么果”。这是种的繁衍。而人类也是一样，人生人，不会生出其他的动物来，而且父母和子女之间，不论在外貌和性格上，都有相似之处。这种父母能将自己的特性传给子代的现象，就叫遗传。

人类虽然在地球上繁衍生息了200多万年，但对后代为什么既像爸爸又像妈妈这样的问题，直到几十年前才达成共识。人们一度认为，生命是从一个微型人开始的，卵细胞或精子里包含着生命的所有部分，不过是很小很小而已，以后慢慢在母体中长大。现代科学已经充分证明，关于微型人的说法是不正确的。

卵细胞或精细胞都属于生殖细胞，卵细胞携带着从母体来的遗传信息，而精子则携带着由父方来的遗传信息。人的染色体有23对，但在精细胞和卵细胞里，都是23条，因此它们被称为单倍体，它们的遗传物质只是父母双方遗传物质的一半。当精细胞和卵细胞喜结良缘后，便合二为一，形成受精卵。在受精卵里，染色体有23对。从形成受精卵那一刻起，一个生命便形成了。

受精卵细胞分裂一次，变成两个细胞，两个细胞再分裂一次，就成为四个细胞，细胞每分裂一次，染色体上的DNA复制一次。复制是严格遵循碱基配对原则的，因此每个细胞的遗传物质和受精卵是完全一致的。细胞就这样一再地分裂下去，到一定时候，细胞不再分裂，而开始分化

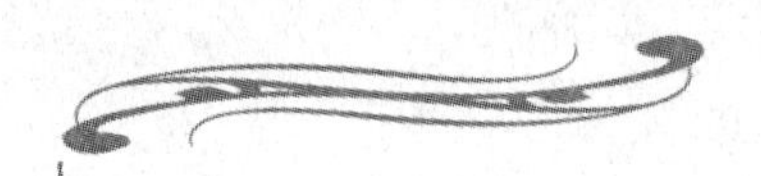

成为特定的细胞，然后形成具有特定功能的各种组织和器官，如肌肉、神经、骨骼等。就这样，一个受精卵经过33次分裂后，一个完整的人成型了，他或她有一个头，头上有一双眼睛，两只耳朵、一个鼻子、一个嘴巴……

小孩出生以后，观其头发的颜色、密度、质地，眼睛的大小、颜色、眼皮的单双等，就会发现，这些性状每个人是有区别的，而每个人又近似于其双亲。其原因就是由于他（她）是从受精卵发育来的，而受精卵的基因又是父母双方提供的。

性状是由基因决定的，每一个性状至少由一对等位基因控制。一对等位基因中，一个来自父亲，一个来自母亲，它们俩“较量”的结果，当然是“显性”者为“王”，控制了后代的性状；“隐性者”为“寇”，乖乖地过起了“隐身”生活。如果一对等位基因都是隐性的，当然就显示出隐性性状。科学家们经过调查研究发现，在智力和身高等性状方面，来自母亲的基因更胜一筹；而在长相和性格等性状方面，来自父亲的基因则容易占上风。现在，你搞清楚为什么自己既像爸爸又像妈妈了吧！你可能马上会问：为什么亲兄弟姐妹不完全一样呢？其中的道理非常复杂，有些甚至还没有搞清楚，但有一个解释可能会帮助你理解这个问题：有些基因在染色体上的位置不是固定不变的，它们非常活泼，可以在同一染色体上跳来跳去，也可以在染色体之间跳来跳去，这种基因是由美国女科学家麦克林托克发现的，被叫作“转座子”。

转座子的存在，使来自父母双方的基因组合出现新花样，表现为兄弟姐妹之间长相上的差异，就是自然而然的了。

遗传保证了物种的延续，而这种延续又不是简单的复制，这种生物个体之间的不同样性或人类子代与亲代，子代与子代之间的个体差异称之为变异。人类的许多变异属于正常生理范围，如高矮、胖瘦、血型等。有些变异可能引起不同的病理过程而表现为遗传性疾病。

人种与肤色

黑、黄、白，是人体的三原色。然而经过若干万年的演化，如今却辐射出了五彩缤纷的光芒。科学调查证实，今天的地球上已有不同人种60类。

最早对人种进行科学划分的是18世纪的瑞典生物学家林耐，他依据肤色的不同将世界人类区划为欧洲白色人种、非洲黑色人种、亚洲黄色人种以及美洲红色人种四大人种。林耐的划分，特别是对人猿系统位置的划分、智人种的划分，是十分科学的，至今仍被沿用。但他的四大人种的地理区划，却在日后的应用中显得不够完善和准确，因为各大洲的地理区划和人种肤色的分布并不一致。如：亚洲人的肤色并不都是黄色，非洲人的肤色也并不都是黑色，白色人种的分布也并不局限在欧洲。

要精确划分人种的肤色，就必须弄清肤色形成的规律，揭开肤色产生的奥秘。一个人的肤色，与多种因素有关，如毛细血管的分布、血液流量等，但最主要的是决定于皮肤内的色素物质。它位于人体表皮基部的色素细胞上，在显微镜下观察，色素是一些细小的褐色颗粒。色素分布越多越密，则人体肤色就会越深越重；相反色素分布越少越稀，则人体肤色就会越白越淡。据统计，不同肤色人种的色素细胞量是不同的，在每1平方毫米内，白色人种的色素细胞约在1 000个以下，黄色人种则在1 300个左右，而黑色人种则超过了1 400个。

人体肤色的变化，决定于皮肤内部色素量的变化，而色素量的变化，又是对外界光照强烈程度长期适应的结果。可以说人体肤色是自然界在人体上打下的烙印。地球上不同人种肤色的分布、人体色素深浅变化的

趋势，基本是与阳光辐射强弱程度相对应的。色素多、肤色深的人多集中在阳光充足的地球赤道附近。随着地球纬度的推移，离赤道越远，阳光越弱，则人体的肤色也就越浅越淡。在亚洲，南亚人的肤色比北亚人的肤色要深；在欧洲也是这样，南欧人的肤色比北欧人的肤色也要深。

人种肤色随环境而变化的事实，冲破了林耐按各大洲区划人种肤色的划分。1775年，即在林耐提出人种划分之后的40年，德国一位自然人类学家布鲁门巴哈又公布了一个新的人种划分方案。布氏把世界人种分为五大人种，即尼格罗人种、蒙古人种、马来人种、美洲人种和高加索人种。

显然布鲁门巴哈的人种划分，比起林耐的四大人种划分有了很大进步。但是在布鲁门巴哈之后，人们为了准确划分人种，在肤色之外又增加了头型、鼻型、眼色、发型、发色以及血型等方面的人种划分。在长期的人种划分实践中，人们感到：人类最大的特点便是不断流动，并在流动中产生了人种特性的分化，但也产生了人种特征的不断融合。因此，仍然难于找到一个完全适用的有效的人种划分方案。

知识链接

色素的形成主要是与一种蛋白类的酶有关，这种酶称作酪氨酶，在它的作用下，可使细胞内的酪氨酸转化为色素构成物。如果缺少了这种酶，就会使色素细胞失去功能，不能产生色素物质。白化病病人就是由于色素先天缺失，皮肤及毛发的颜色均呈白色，眼睛由于没有色素覆盖，呈现红色。

神奇的人体比例

人体各个部位和器官之间客观地存在着一定的比例关系。画家或雕塑艺术家可以按照这种比例关系绘画或雕塑出十分美观的逼真的人像。人体测量学就是这样一个用测量和观察的方法来描述人类的体质特征状况的学科。

1490年，意大利艺术家、科学家达·芬奇为了获得真实、系统的人体解剖学资料，不顾教会的反对与制止，冒着受迫害的威胁解剖了30多具尸体，前后绘制出将近1 000幅解剖图，对人体各个年龄、各个局部结构作了极为真实细致的描述。在长期的绘画实践和研究中，达·芬奇发现并提出了一些重要的人体绘画规律：标准人体的比例为头是身高的1/8，肩宽是身高的1/4，平伸两臂的宽度等于身长，两腋的宽度与臀部宽度相等，乳房与肩胛下角在同一水平上，大腿正面厚度等于脸的厚度，跪下的高度减少1/4。达·芬奇认为，人体凡符合上述比例就是美的。

继维特鲁威、达·芬奇等人之后，又有许多的哲学家、数学家、艺术家对人体尺寸断断续续地研究。他们大多是从美学的角度研究人体比例关系，从而积累了大量研究成果。1870年，比利时数学家奎特里特发表了《人体测量学》一书，这标志着人体测量学这门学科的创立。

随着人体研究的不断深入，人们发现，对称也是人体美的一个重要因素。人体的形体构造和布局，在外部形态上都是左右对称的。比如面部，以鼻梁为中线，眉、眼、颧、耳都是左右各一，两侧的嘴角和牙齿也都是对称的。身体前以胸骨、背以脊柱为中线，左右乳房、肩及四肢均属对称。倘若这种对称受到破坏，就不能给人以美感。但是，对称也是相对的，而不可能是绝对的。人体各部分假如真的绝对对称，那反而就会失去生动的美感。比如，大部分人的额部，左侧比右侧稍大一些，所以右面颊略微向前突出。有些人的眼睛，一只大，一只小；一边高，

一边低；一只双眼皮，一只单眼皮。有的人眉毛一高一低，耳朵一大一小。大部分人的右手比左手长；在长度、质量和体积等方面，右腿也超过了左腿。怪不得蒙上眼睛在平地自然行走，过一段时间就会向左弯过去。当你穿着新买的鞋子走路时，往往感到一只鞋子配脚，另一只却并不那么舒服。原来，人的双脚一大一小，也不对称。

关于人体美的规律最伟大的发现，是关于“黄金分割定律”的发现。所谓黄金分割定律，是指把一定长度的线条或物体分为两部分，其中一部分对于全体之比等于其余一部分对这部分之比。这个比值是0.618∶1。据研究，就人体结构的整体而言，每个部位的分割无一不是遵循黄金分割定律的。如肚脐，这是身体上下部位的黄金分割点：肚脐以上的身体长度与肚脐以下的比值是0.618∶1。人体的局部也有3个黄金分割点。一是喉结，它所分割的咽喉至头顶与咽喉至肚脐的距离比也为0.618∶1；二是肘关节，它到肩关节与它到中指尖之比还是0.618∶1；此外，手的中指长度与手掌长度之比，手掌的宽度与手掌的长度之比，也是0.618∶1。牙齿的冠长与冠宽的比值也与黄金分割的比值十分接近。因此，有人提出，如人体符合以上比值，就算得上一个标准的美男子或美女。

正因为黄金分割如此神奇，并在人体中表现得如此充分，因此有人把它视为人的内在审美尺度。而这种科学的奥妙竟然能在人体中得到最完美的表现，不能不说这是神奇大自然的造化。

按照黄金分割定律来安排作息时间，即每天活动15小时，睡眠9小时，是最科学的生活方式。9小时的睡眠既有利于机体细胞、组织、器官的活动，又有利于机体各系统的协调，从而有利于机体的新陈代谢，恢复体力和精力。

人类衰老之谜

衰老是每个人都必须面对、十分关心的问题。众所周知，人的身体到了 25 岁以后就开始逐渐衰老，身体的各项机能随着年龄的增长而下降。但衰老的原因又是什么呢？为了解答这个问题，许多专家从不同角度进行了探索。现在，关于人类衰老的机理有多种假说，其中之一就是：人的衰老与微循环有关。

在医学上，人的衰老分为程序性衰老和非程序性衰老。程序性衰老是指由遗传基因的原因导致的衰老。遗传基因作为生物信息的源泉，它像程序一样控制着一个人的生长、发育、成熟、衰老和死亡。研究表明：在基因程序中，人的寿命平均在一百二三十岁。但我们在现实生活中看到的情况是，大部分人的寿命只有七八十岁。为什么两者之间会有这么大差距呢？这就涉及另外一个概念：非程序性衰老。由于环境、营养和疾病等原因，人体的老化速度加快，缩短了基因程序的进程而提前进入衰老，这就是非程序性衰老，也是人们重点研究的对象。

大量科学研究表明，人体非程序性衰老与血液微循环下降有直接关系。微循环是指直接参与组织、细胞物质能量交换和信息传递的血液、淋巴液在人体毛细血管和微淋巴管中的体液循环。它涵盖了生命活动的基本功能。

那么，微循环下降为什么会引起衰老呢？这是因为我们的血液有两

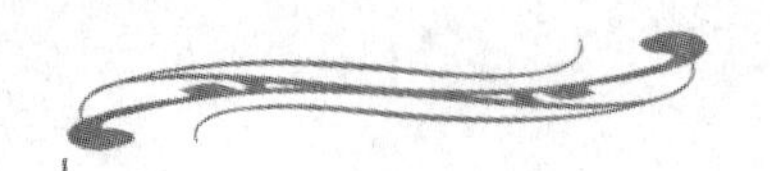

个重要作用：一是供应氧气营养，二是代谢废气废物。在血液中，血红细胞扮演着最为主要的角色。据测定，每毫升血液中就有450万～500万个红细胞。通过大量计算机显微血象检测我们发现：青少年人的血红细胞是饱满、透亮、分散、活跃的；而大多数中老年人的血红细胞往往干瘪灰暗、结团成串、变异畸形，呈现出脱水衰老的状况。由于缺乏活力、粘连在一起的血红细胞很难流到人体组织器官的毛细血管和末端部位，造成微循环下降，一方面导致氧气和营养成分供应不足，另一方面又会导致体内废物和毒素、杂质无法正常排解，进而导致人体组织和器官种种衰老和病变现象的产生。

微循环不通畅，就好像块块秧田的水渠堵塞，禾苗得不到水分就会枯死一样，人体脏器也会因新陈代谢不正常而出现疾病和衰老等。例如当心肌微循环障碍时，人体可以出现心慌、胸闷、早搏、心律不齐、心肌缺血、心肌梗死、心源性猝死等；当脑微循环发生障碍时，可出现神经衰弱、失眠健忘、头痛头晕、甚至面瘫、中风、痴呆等；当肝微循环障碍时，会出现腹痛、腹胀、食欲缺乏等；当肾微循环发生障碍时，会出现腰痛、血尿、蛋白尿、水肿等症状；当皮肤微循环发生障碍时会出现淤斑、老年斑以及手足麻木、身体上有蚁走感，全身不适等异常感觉；全身微循环出现衰退时，也就是人体衰老的开始。

现在有科学家认为，人体的每一种疾病都与微循环有关。微循环通则不中风，微循环好则心肌梗死少，微循环流畅则健康长寿。

学科展望

人类衰老的机理极其复杂，其学说不下几十种，如免疫学说、神经内分泌学说、自由基因学说、蛋白质合成差错累积学说等。近年来，从分子与基因水平上提出的基因调控学说、DNA损伤修复学说、线粒体损伤学说以及端区假说已成为国际研究热点，这也是人类衰老机理方面的研究方向。

人体生物钟

平常，人们总是按照一定的作息时间安排日常生活，如起床、吃饭、工作、学习、休闲、娱乐、睡觉等，一切都按时进行。这样，人们就能够在一天之中做到晚上睡眠充足，白天头脑清醒，工作学习精力充沛，休闲娱乐放松身心，这就是人们常说的生活很有规律。那么，若是打破生活规律会怎么样呢？很多经历过乘飞机环球飞行的人都有这样的体会，由于东西方国家的时差较大，这里的白天常常是那里的晚上，到了以后使人很不适应，“晚上”睡不着，“白天”又没有精神，需好多天才能把“时差”调整过来。工厂里的工作很多都是轮班制，“三班制”的频繁换班对工人的生活规律也有很大影响，容易造成白天休息时睡不着，而夜晚上班时打瞌睡等种种不适。人为什么顺应生活规律就感到很舒适，而打破生活规律人就会产生不适的感觉呢？人们百思不得其解，长期只知其然，而不知其所以然。

直到20世纪初，德国内科医生威尔赫姆·弗里斯和奥地利心理学家斯瓦波达，这两位素不相识的科学家，各自通过长期的观察、研究，最早提出了人体生物钟理论。他们用统计学的方法对观察到的大量事实进行分析后惊奇地发现：人的体力存在着一个从出生之日算起以23天为一

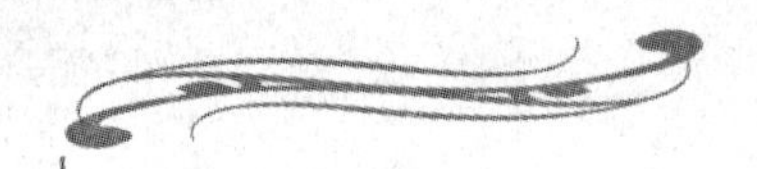

周期的“体力盛衰周期”；人的感情和精神状况则存在着一个从出生之日算起以28天为一周期的“情绪波动周期”。20年后，奥地利的阿尔弗雷德特尔切尔教授发现了人的智力存在着一个从出生之日算起以33天为一个周期的“智力强弱周期”。他们的发现揭开了人的体力、情绪和智力存在着周期性变化的秘密。后来，人们把这三位科学家发现的三个生物节奏总结为“人体生物三节律”，因为这三个节律像钟表一样循环往复，又被人们称作人体“生物钟”。

在人体生物钟中，智力钟影响着人们的记忆力、敏捷性以及对事物的接受能力、逻辑思维和分析能力等；体力钟影响着人们的体力状况，包括对疾病的抵抗能力、肌肉收缩能力、身体各部分的协调工作能力、动作速度、生理变化适应能力，以及其他一些基本的身体功能和健康状况等；情绪钟影响着人们的创造力，对事物的敏感性和理解力，情感与精神及心理方面的一些机能等。

那么生物钟藏在人体内的什么地方？它是怎样让人的各种生理活动服从于自然时间周期的指挥的呢？对此，科学家做了大量的研究工作，并创立了一门研究生物与时间关系的新学科——时间生物学。

科学家认为，人体内的生物钟大概存在于脑部的某些神经细胞中，并由细胞中的遗传物质——基因——控制着。而这种“分管”生物钟的基因又是在长期的生物进化中形成的，是生物为了生存发展的需要而对自然规律的一种顺应。人们研究生物钟的这些奥秘，了解生物体内存在的各种生理时间规律，目的就是想利用这些规律来为人类自身服务，提高人类驾驭大自然的能力。

据科学家研究发现，大多数人在上午到中午1点这段时间内头脑敏捷程度最高，中午1点左右人的精力开始下降，下午到晚上这段时间人的运动耐力最强、反应速度最快、双手最灵活。因此，他们认为，上午的时间适宜于工作和学习，午后应适当午休一下，而体育比赛则放在下午和晚上进行较好。科学家还发现，在医疗方面，药物对疾病的疗效也和生物钟有很大关系，每一种药物都有它的最佳使用时间。例如，治疗心脏病的药物洋地黄在凌晨4时服用，比白天服用的效果好40倍；治疗糖尿病的胰岛素，夜间注射的效果比白天注射的效果好。

生物钟既能帮助人们同自然界的时间周期同步，又能协调机体内的各种生理功能。顺应生物钟的时间节奏，对人们的社会生活和身体健康都有极大的好处。那么，生物钟可不可以像时钟一样随意拨动呢？譬如让四季鲜花同时开放，这种技术在今天已不是什么难事，因为人们已可以“拨动”各种开花植物的生物钟了。具体操作方法是用人工方法调节植物的光照时间和温度，满足各种植物开花所需要的环境条件，就可以使四季鲜花在同一季节内开放。同样，采用人工控制光照周期，还可以培育出四季蔬菜。人体内生物钟也可以“拨动”。美国科学家通过试验证明，只要对人体进行不同的灯光照射，就可以把生物钟调整到不同的时间位置上。用这种方法帮助那些上轮班和跨时区的人员，就可以使他们很快适应新的作息时间。

生物钟的研究前景非常诱人，把握住人体的生物时钟，就可大大提高生活质量，而生物钟的奥秘被人们掌握了，人们就可以在社会生活中广泛地运用它，让生物钟造福于人类。

科学家研究发现，生物钟既是人体的生命时钟，又是人体的衰老时钟。这是因为人体内存在松果体，具有分泌褪黑素的功能。而生物钟要依靠褪黑素的密码来指挥机体各个系统逐渐进入衰老过程，所以当褪黑素分泌紊乱时，就会导致生物钟紊乱，于是人体器官随之衰老。

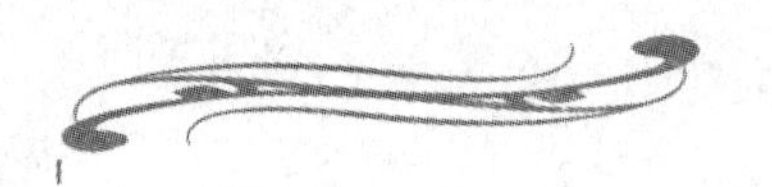

身高的奥秘

身高作为人体美的一个方面，与体型肥瘦一样，早已成为人们关注的一个热点。是什么因素决定了人的身高呢？经过长期曲折的探索、大量的科学试验，1971 年美国加州大学化学家李科豪在《关于人体成长的分子研究》一文中指出，人体骨骼生长发育的关键在于脑垂体生长素分泌的多少。1975 年，美国人类骨骼研究学会《十年骨骼跟踪报告》也证明了这一结论的正确性。

脑垂体位于脑的底部，大小像豌豆，质量仅 0.5 克，但它是内分泌腺的枢纽，能分泌多种激素，调节人体的新陈代谢和生长发育。脑垂体分泌的生长激素能刺激人体细胞的分裂。如果幼年时期生长激素分泌不足，则生长迟缓，身材矮小，有的到了成年后身高仅 70 厘米，这叫侏儒症；而幼年生长激素分泌过多，则过分生长，到了成年后，有的身高可达 2.6 米以上，这叫巨人症；如果成年人生长激素分泌过多，由于长骨的骨骺已经愈合，身高不能再增长，而使短骨过分生长，形成手大、指粗、鼻高、下颌突出等现象，叫作肢端肥大症。

相对来说，男人的平均身高总是比女人高。这是为什么呢？国外医学家专门抽样挑选了一些正常发育、具有典型身材的男女进行了重点测量，发现同龄男女上肢的长短相差不那么显著，而下肢长短的差异却非常明显。因而科学家们指出，下肢骨骼的发育是男女身高差异的重要因素所在。有人为此进一步研究了男女性成熟前后骨骼发育的特征，终于揭示了男人比女人高的奥秘：男女自出生至青春期之前，骨骼的发育呈波浪式的增长，每年增高 3～7 厘米不等，身高没有多大的差别。到了青春期时，女孩骨骼发育很快，到了初中阶段，少女身高则可超出男孩，待长到 18 岁左右，发育阶段趋于“尾声”，下肢骨骼不再增长了，身高也随之“稳定”起来。男孩的青春期开始较晚，结束也相对较迟。况且，青春期结束之后，下肢骨骼仍会继续长下去，一般要延续到23岁时才会逐渐终止。由此看来，由于男子青春期的持续时间超出女子5年左右，所以说在总体上一般的男人普遍高于女人。

人的身高还有一个有趣的现象，那就是早上高晚上矮。这是怎么回事呢？原来，人体就像一架机器，而骨头就是这架机器的支架。机器的支架是用钢铁铸成的，可人的支架却是骨头。人的骨头一节节地连着，支撑着，又能随意转动。因此，在节与节之间，就有一种软东西把两节骨头连起来，称为“软骨”。我们睡觉时是平躺着的，这时骨头之间不是层层相压，关节间就松弛了，于是骨骼间的软骨层就会吸收较多的体液，就会变厚。虽然一层软骨变厚得不多，但是从足关节到颈关节，有很多地方变厚，加起来就是个不小的数字。这样，当你刚起床时一量身高，保证就“长”高了不少。而白天我们要学习、走路，不是坐着就是站着，骨骼之间在地心引力的作用下互相挤压，又会把软骨层的体液挤压出去，这样经过一天的时间，身高就会变矮。如果这一天是走远路，或者是干重活、抬重物，那么到晚上时，你的身高就会更矮，有时竟会相差4～6厘米。

青少年时期，是人生长发育的重要时期，是身体各种组织、器官由小长大，机能逐渐成熟和系统化的过程，所以这个时期除了注意营养和供给之外，还要加强体育锻炼。研究发现，平时经常从事体育锻炼的青少年，身高比一般不参加体育活动的青少年高4厘米左右，体重也可多3千克以上，肺活量可大1 000毫升，甚至思维能力发展也更强些。

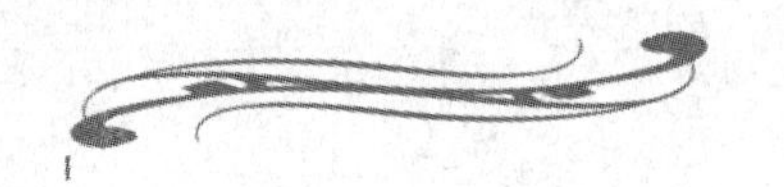

人类与色彩

色彩是人的眼睛所能感受到的最直接的视觉符号。在人类发展过程中，色彩始终焕发着神奇的魅力。人们不仅发现、观察、创造、欣赏着绚丽缤纷的色彩世界，还通过日久天长的时代变迁不断深化着对色彩的认识和运用。

近代科学研究告诉我们，色彩对人体健康、疾病防治有着奇妙的作用。色彩可以多方面刺激大脑，唤起愉快的感情，使病人减轻痛苦。

目前世界上正在兴起一种“色谱疗法”，这种疗法用途之广是人们难以预料的。它不但能对人的心理产生作用，而且能直接参与人体治疗。科学家对颜色疗法作了进一步研究发现：颜色能潜入人体所有细胞和腺状组织，增强人体的免疫系统，对治疗疾病有特殊的功效。

红色可以使人血压升高，脉搏和呼吸频率加快。法国色彩协会做了一次试验，结果表明：在红色的房间里，人的心脏跳动次数要增加17次/分,患心脏病和高血压的人，几乎全部拒绝红色。在色彩协会的医院里几乎是一片白，红色是绝对禁止进入心脏病病区的。但红色能缓和风湿性关节炎带来的疼痛，还可以提高人的免疫力。黄色可以激起病人的希望、欲望、兴奋，借以增强病人的抗病能力。对一些抑郁、多愁善感、神经衰弱的病人，治疗时配以红、黄等暖色，能达到补阴渲气、解郁宽心的目的。而白色、浅蓝色、淡绿色则可使病人心情镇静、安适，有助于病人恢复健康，所以医院病房的墙壁大都做成白色的，就连医生护士的工作衣帽也都是白色的。此外，淡蓝色的环境对高热病人有退热作用；紫色环境能使孕妇安静，蓝色对感冒病人有良好的作用；青光眼患者戴上绿色眼镜，有助于降低眼压；高血压患者戴上灰色眼镜，有助于降低血压。

利用色彩，不仅可以调节人的心情，防治疾病，还可以为生活和工作创造出更好的环境氛围，提高工作效率和生活质量。让运动员经过短时间的红光照射后，可以增强其爆发力。当新生儿哭闹不止时，将室内换成蓝色灯光，有助于婴儿停止哭闹。当一个人心情沮丧，无精打采时，不妨穿件红色的衣服，会使你振作起来。随着季节的变化，冬天穿红色等暖色使人感到温暖，夏天穿白色等冷色服装使人觉得凉爽。办公室做成上白下绿，显得肃静，使人精力集中；炼钢炼铁等高温工作场所选用冷色，使人感到凉快；而冷库、冷藏室等场所采用暖色，能使工作人员减少寒意；冷饮厅的墙壁宜用冷色；餐厅饭店最好选用暖色。在装卸、搬运场地，如果用绿色箱装运货物会使搬运工人感到轻松，提高工作效率。

随着现代色彩学的发展，人们对色彩的认识不断深入，对色彩功能的了解日益加深，色彩必将在人们的未来生活中发挥出更大的作用。

色彩是一种涉及光、物与视觉的综合现象。揭开光色之谜的是英国科学家牛顿。1666年，牛顿进行了著名的色散实验。他将一房间关得漆黑，只在窗户上开一条窄缝，让太阳光射进来并通过一个三角形挂体的玻璃三棱镜。结果在对面墙上出现了一条七色组成的光带，七色按红、橙、黄、绿、青、蓝、紫的顺序排列着，这条七色光带就是太阳光谱。

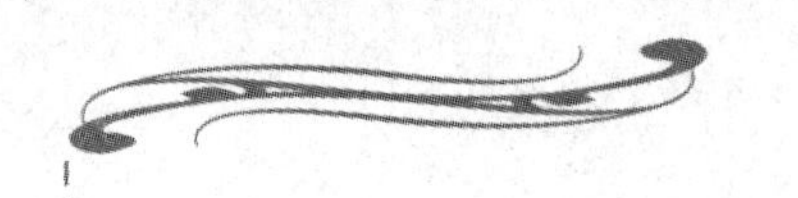

双胞胎产生的原因

双生子，也叫双胞胎，是人类常见的现象，也是人们常感兴趣的问题。那么，双胞胎是怎样形成的？

如果要说双胞胎的产生过程，不得不说精子和卵子的“结合之路”。在生理情况下，女性在一个月经周期内只会排一枚卵子进入输卵管，如果没有受精，它会“死”去。这个时候，如果有一个精子有机会和卵子结合，便形成受精卵，在子宫内正常发育，孕育胎儿，延续生命。所以，当精子一进入女性的生殖道，就面临着最残酷的竞争：或者与卵子结合延续自己的生命，或者在女性体内被溶解吸收，悄然“死去”。因此，每一个精子都力求在几千万甚至上亿的“兄弟姐妹”中脱颖而出，成为最幸运的那一个。在女性生殖道里，它们历经“坎坷”，以最快的速度游向输卵管中的卵子，当最先到达的胜利者进入卵子后，就会通过一系列的生理反应激活卵子，在卵子周围“建筑”密不透风的坚厚“高墙”，宣告自己的胜利“攻坚”，阻止其他精子的进入。而失败者就只能等待死亡，或者是期待新的契机。所以，每个人在出生之前都会经历一次“长跑”比赛，而我们，都是当年那场比赛中的冠军。

有的时候，卵子和精子结合后形成的受精卵会一分为二，形成两个胚胎，两个胚胎各自发育，最终诞生两个婴儿，这就是我们所说的同卵双胞胎。这两个孩子来自同一个受精卵，接受完全一样的遗传物质，他们性别相同，就像一个模子里刻出来的，有时甚至连自己的父母都难以分辨。这种相似不仅是外形、血型、智力，甚至某些生理特征、对疾病的易感性等都很一致。但是这种分裂发生的概率非常小，而且，如果不走运的话，受精卵分裂不完全造成了某些部位相连，就会形成连体婴儿。

但在一些特殊的情况下，在一个月经周期内，女性也会排出两个卵子，甚至多个。不过，如果没有医学的干预，多个卵子共存的概率太小了。但无论怎样，一旦发生，就会给“竞赛”中的精子多一个契机：这次“长跑”比赛不仅有冠军，还会例外地诞生亚军，甚至季军。也就是能形成两个甚至多个受精卵，它们各自发育，形成独立的胚胎，这样异卵双胞胎或者多胞胎便诞生了。

双胞胎或多胞胎现象是偶然的还是有一定规律可循呢？著名的生命科学家西林教授通过对人类生育史的潜心研究，提出了一个有趣的“西林法则”：人类每妊娠 89 次，就有可能孕育一次双胞胎；每妊娠 892 次，有可能孕育一次三胞胎；每妊娠 893 次，则有可能孕育一次四胞胎。而一次生育四胞胎以上的产妇极其罕见，故不作为统计对象。另外，美国一家医学杂志最近公布的一项数据则认为：多胞胎发生率正在逐步提高，如四胞胎有可能在 4 100 万名孕产妇中即发生 1 例。

据统计，母亲本身为双生者，其下一代为双胞胎的比率为 1.7%，所以双胞胎或多胞胎的决定因素，母亲的基因较父亲更重要。我国双胞胎的概率是 1/89，三胞胎的概率是 1/7 900，四胞胎的概率是 70 万分之一，五胞胎的概率达到 6 000 万分之一，六胞胎的概率则是 32 亿分之一。

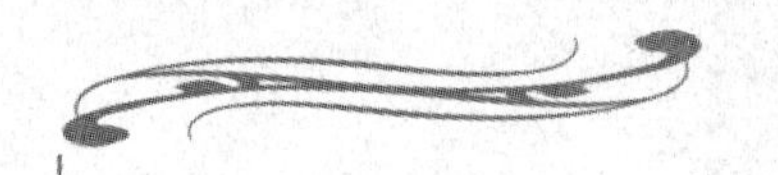

神秘的“心灵感应”

双生子分为两种：一种是两颗受精卵同时发育起来，他们的关系除了受精的时间相同之外，其他各点如同兄弟姐妹那样没有什么奇特之处，这种是兄弟型双生子；另一种是由一颗受精卵，在第一次卵裂时产生两个细胞，以后分别发育成两个胚胎，这种双生子叫同型双生子。他们在遗传基础上完全相同，是研究人类遗传最好的对象。有人认为同型双生子之间存在心灵感应现象，尽管人们对此争论不休，历史上却不乏真实的例子。

一位年轻的姑娘正在腹疼的时候，有人告诉她，她的孪生姐姐因阑尾炎而住进了医院。当她和母亲赶到医院时，姐姐已被送到手术室。她们只得在外面等候。等了好久还不见人出来。母亲说：“手术大概快结束了吧!”而双胞胎的妹妹却说“不，妈妈，我能感到医生割阑尾和缝合刀口的时刻，现在医生刚刚开始手术。”果然如此，后来医生证实，手术的时间推迟了。

里克和罗恩是双胞胎兄弟，他们同时学会走路和讲话，喜欢相同的科目。稍大一些，他们发现，他们能知道彼此心里在想什么。1995 年 1 月，里克从休斯敦国际机场起飞，前往非洲安哥拉的一家石油公司审核账目。在安哥拉起初的几天很平静。但 5 月 31 日凌晨 4 点钟，里克被腹部剧烈的疼痛惊醒。4 个小时过后，疼痛逐渐消失。稍后，医生为里克做了全身检查，但并未发现身体有任何危险迹象。但坏消息却在当天夜里降临，里克的双胞胎哥哥罗恩，前一天夜里被杀。验尸报告和电话记录都表明罗恩的死亡时间是当地时间晚上 10：30，正是里克夜里因腹部疼痛惊醒的时间。

据医生分析，每一个人的体内基因的活动有个“时刻表”，什么时间，什么基因打开，开始活动，什么基因何时关闭，停止活动都有一“时刻表”，同型双生子由于遗传基础相似，所以生命的时刻表就相同，才出现了以上情况。

双生子还为探索人类心理、智慧、犯罪、成就之类高级神经活动的研究提供了生物学方面的参考。美国明尼苏达大学的研究人员，对 9 对分别在不同环境下抚养大的同卵孪生双胞胎，进行了 6 天的医学测验、心理测验和多次访问。让他们回答有关兴趣、爱好以及判断力等 15 000 个问题。测验结果是令人惊奇的。47 岁的奥斯卡和杰克是一对出生在特立尼达岛的双胞兄弟。父亲是犹太人，母亲是德国人。出生不久，奥斯卡由母亲带到德国抚养，并且成为一个天主教徒，杰克则由父亲按照犹太人的风俗抚养，住在加勒比海一带，目前住在美国。这两兄弟的工作、生活和家庭状况都完全不同，可是当他们阔别 40 年第一次见面时，却带着相同的眼镜，穿着同一类型的衣服，留着同样的胡子。在他们接受一组问题测验时，也显示出同样的态度和习惯。这些事实告诉我们，即使在个人发展方面，遗传因素也有着一定的影响。

双生子的研究工作现在仍在进行中，人们都已经注意到，它将是解答许多生命奥秘的绝妙题材。

学科展望

在我国，双胞胎的“心灵感应”现象属于所谓的“超心理学”问题。科学工作者更多地把这种现象与遗传基因的相同或相似联系起来。国外一些研究者把“心灵感应”定义为排除借助所有已知的、可能的物质传递方式而出现的心灵信息传递现象。要证明这一现象的存在，需要有统计上的重复性。而到目前为止，还没有科学的证据证明“心灵感应”现象的存在。

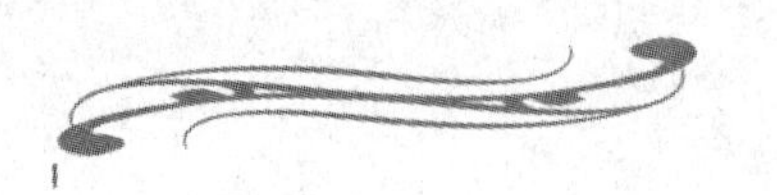

毛发里储藏的人体信息

毛发几乎披于人体的全身，仅少数皮区如手、足掌、口唇等处无毛发。人体毛发与动物的不同，动物的毛发极多，对保持体温和对抗机械性损害起重要作用。人类的毛发已相当退化，某些部位非常稀疏，已无上述功能。别看一根头发半径只有 0.05 毫米而且还是空心的，但它却储存了丰富的人体信息。

头发能显示一个人的性格。美国著名的心理学家雷勒克博士，通过对人头发的长期研究认为：一般头发细软柔韧的人，性格温柔；粗直坚硬的人，性格刚直，个性较强……看起来，这似乎有点“玄乎”，但这里面有一定的科学道理。我国医学科学早就表明，头发是人体的一个组成部分，它的生长情况和人的精神状况、性格特点密切关联，如长期忧郁，血液中的养分供应不上致使头发变白就是最好的一个例证。

因为头发由角蛋白组成，不易因人体腐败而分解破坏，所以保存几十年乃至几百年仍有化验价值。2 100 多年前西汉马王堆女尸属于 A 血型，就来自于对一段头发的鉴定。19 世纪，在欧洲风云一时的拿破仑死去 150 多年以后，竟有人根据一根头发证明拿破仑是中毒身亡的。事情的经过是这样的：拿破仑死时，他手下忠实的臣仆们便决定要保存他的遗容。但当时欧洲还没有保存遗体的好方法，就连照相术也还未发明。于是只好将拿破仑的头发剃去，用石膏制模取下其头型，然后再复制出他的遗容。当时拿破仑的侍卫就把剃下来的一些头发悄悄地珍藏起来留作纪念，就这样一直完好地保存了150多年。近几年忽然有人想根据拿破仑的头发来研究他和现在人有无区别。结果从化验中发现拿破仑的头发中含有高浓度的砷。根据现代分析技术，可以精确测定一根头发的每一个微小区段中各种成分的含量，从而断定拿破仑离死期越近其头发中的含砷量也越高，说明他可能是被人用砒霜毒死的。

根据国内外大量的头发分析数据来看，头发的成分及含量确实与外界环境密切相关。例如城市居民头发的铅含量就显著高于农村居民；冶炼厂附近的居民或某些产砒霜地区的人群中，其头发的砷含量均明显高于正常人。生活在海边的渔民，其头发含汞量比内地人高许多倍。我国科学工作者在调查克山病病区时，发现病区环境普遍缺乏钼和硒等微量元素，而且所有克山病人头发中的钼、硒含量也都是很低的。这些都说明头发中化学成分的含量不仅反映了自然环境的特征，而且也能灵敏地指示出环境污染的严重程度。近年来国外已经把头发作为环境监测的一种特殊手段。

一根头发竟有如此特殊的意义，使得科学家对于毛发的研究越来越重视了。美国等一些国家的医疗部门近年来纷纷做出安排，把对人的毛发检验列入如同血、尿样化验这类常规检验之中。专家们指出，人体毛发检验的医学价值可能要超出验血等常规方法。从化学角度看，人的头发主要是以胱氨酸为主的多种氨基酸组成的角蛋白的纤维组织，其次还含有钙和多种微量元素。毛发是人体排泄这些微量元素的途径之一。这些微量元素的含量及变化在一定程度上反映了人体的健康状况和环境污染对人体的影响。目前从头发中检出的元素已有40多种。现在人们已经可以根据头发中微量元素铬的含量来诊断糖尿病和心血管病，从镉、铅的含量诊断高血压和判断是否能够长寿等，甚至可以通过综合分析头发中14种微量元素的含量来判断儿童的聪明和智力发育程度，而且其准确率可高达98%。英国科学家还发现精神分裂症等四种精神异常病症也和头发中的微量元素有一定关系。更有趣的是通过头发分析还可断定一个人是否吸过毒品，并能准确地指出其吸毒的具体时间。

不过应当指出，无论是用毛发去监测环境污染，还是用头发去诊断疾病，目前都还未达到完全满意的程度。其中一个主要的障碍就是人们

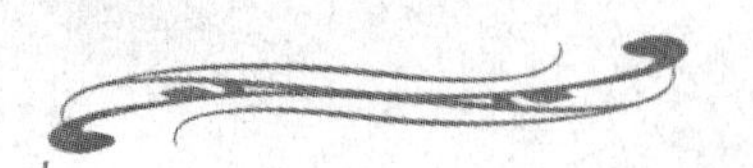

至今尚不能肯定什么是标准的“正常头发”，而且确定这种标准将是十分困难的。很显然，正常头发标准基线一旦被划出，毛发诊断就可能为人类创造出奇迹来。

知识链接

成人全身有500万个毛囊，其中十多万个在头顶。我们黄种人约有10万根头发，黑种人12万根，白种人最多，达14万根。人的头发非常结实，其坚固性可与钢媲美。1根半径为0.05毫米的头发能承受100克重量；1平方厘米的头发可承受重5吨以上的重物；如果用20万根头发编成一根发辫，则可承重20吨。

揭开疼痛的奥秘

疼痛是机体对损伤组织或潜在的损伤产生的一种不愉快的反应，是临床上最常见的症状之一。某些长期的剧烈疼痛，对机体已成为一种难以忍受的折磨。疼痛到底是怎样产生的呢？长期以来人们对此一直感到迷惑不解。后来，科学家经过反复试验和摸索，提出了一些理论，才使人们对此有了初步的认识。

早先的科学家是根据人体神经系统的化学原理来阐明疼痛产生的过程的：人体某一部位受伤以后，会立刻释放出一些化学物质，同时产生疼痛信号。释放出来的化学物质主要包括：P 物质、前列腺素和迟延奇诺素。它们会刺激神经末梢，使疼痛信号从受伤部位传向大脑。科学家认为，含有阿司匹林的药物和对乙酰氨基酚等止痛药之所以能减轻疼痛，是由于它们能抑制人体前列腺素的产生。然而，这种理论却无法解释一些令人费解的疼痛现象。

美国马萨诸塞州总医院神经病学疼痛医疗系主任波莱蒂博士回忆起年轻时的一件事：一个冬夜里，他和热恋中的女友相约在户外。他们坐在石椅上，谈得十分投机，忘却了时间和寒冷。最后，他们站起身来准备回家去，这才感到臀部有难以名状的疼痛。波莱蒂认为此前神经系统

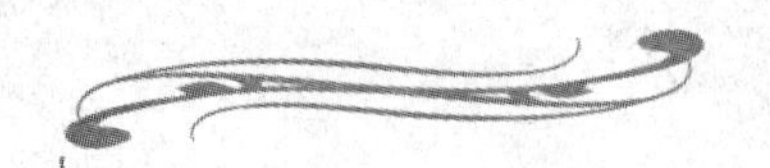

有某种物质在抑制着那种疼痛。

1965 年，两位从事疼痛研究的专家，伦敦大学的沃尔和加拿大麦吉尔大学的梅尔扎克共同提出了“闸门控制理论”。这种理论认为，无论在什么情况下，神经系统只能处理一定数量的感觉信号。当感觉信号超过一定的限度时，脊髓中的某些细胞就会自动抑制这些信号，好像闸门一样，要把它们拒之于门外。这时，疼痛信号不容易越过闸门，因而疼痛的感觉就会减轻。闸门控制理论使波莱蒂博士年轻时疼痛减轻之谜迎刃而解了。但是波莱蒂提到的神经系统中抑制疼痛的物质是什么呢？

1975 年，苏格兰阿伯丁大学的药物学家休斯经过反复试验终于找到了这种物质——内啡肽，它是大脑和脊髓中产生的对疼痛有强烈抑制作用的多肽物质。然而，试验并未就此终止。在苏格兰专门研究小组的配合下，加利福尼亚大学的激素专家从人脑中分离出了止痛效果比内啡肽强 40～100 倍的内啡素。紧接着，美国的一些科学家又发现了一种作用比内啡素强 50 倍的脑化学物质——力啡肽。研究表明：当人全神贯注于某一事情上时，会促使体内产生大量的力啡肽，这就等于切断了人体的疼痛报警，从而达到暂时止痛的效果。至此，科学家初步揭开了人体疼痛的奥秘。

虽然内啡肽、内啡素、力啡肽的发现给医生战胜疼痛提供了一件新式武器，但它们的功能十分复杂，因此，需要进行深入研究后才能投入使用。不管怎样，对大脑中内啡肽一类的物质的研究将为疼痛病人带来福音。在未来的医学面前，疼痛这种使人痛苦的体验将会变得不那么可怕！

内啡肽的分子结构与鸦片类同，被称为“快感荷尔蒙”或者“年轻荷尔蒙”。它是由脑下垂体和脊椎动物的丘脑下部所分泌的内源性快乐物质，除了具有天然的镇痛作用之外，它还能调节人的情绪，刺激免疫活性细胞，阻止肿瘤的滋生。人在笑、运动、听音乐时能促使大脑释放内啡肽。

人类对睡眠时间的探索

人一生中有 1/3 的时间是在睡眠中度过，5 天不睡觉人就会死去。睡眠作为生命所必需的过程，是机体复原、整合和巩固记忆的重要环节，是健康不可缺少的组成部分。为了保障健康，人们应该有足够的睡眠时间。但由于人们的年龄、体质、性别、性格的差异，其睡眠时间也不相同。

欧洲文艺复兴时期最杰出的代表人物之一达·芬奇是刻苦勤勉、惜时如金的人，他创造的“定时短期睡眠延时工作法”甚为人们所称道。这方法是对睡与不睡的硬性规律调节来提高时间利用率，即每工作 4 小时睡 15 分钟。这样，一昼夜花在睡眠上的时间累计只有 1.5 小时，从而争取到更多的时间工作。

研究发现，成年人的正常睡眠一般平均 7～8 小时，但也有超过 9 小时的长睡者和不足 6 小时的短睡者。奇怪的是，长睡或短睡的习惯与各人的劳动强度、时间或疲劳程度并无明显的对应比例关系，而只是因人而异，或因人在不同的境况下而异。

1972 年，一位名叫哈特曼的学者发表了他的实验结果。他曾从 400 名自愿候选者中精心挑选出 29 名受试者，按其平均睡眠时间分成长睡组和短睡组进行观察试验，长睡组每昼夜平均睡 9.7 小时，短睡组平均每昼夜睡 5.6 小时。研究发现，两组的第 3～4 期慢波睡眠几乎相等，长睡

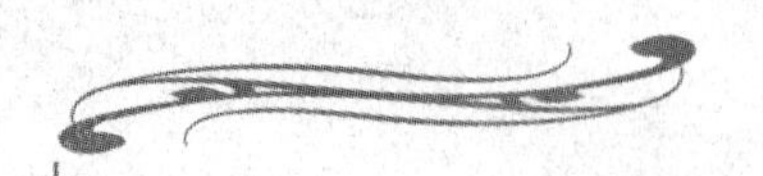

组甚至略少于短睡组，前者每夜平均为69.9分钟，后者为78.3分钟。而眼快动睡眠的差别却极为显著，长睡组几乎是短睡组的两倍，每夜平均为121.2分钟，短睡组每夜平均只有65.2分钟。并且，长睡者的眼快动频率比短睡者高，醒来时所能记忆的做梦内容也比短睡者多。更为奇特的是，在人的性格气质和生活方式等方面，两组试验者也有显著的不同。短睡者总是显得精力充沛、雄心勃勃，凡事总是预先计划，干起来很少犹豫不定，自我感觉良好、自信、进取心强，并有睡醒即起床的习惯。长睡者则显然不同，凡事多思虑，常有烦恼，常对自己所作所为显得信心不足，易改变主意或重新计划，还会显得羞怯、略带神经质和轻度抑郁，把睡眠看得非常重要。

哈特曼的研究结果是否带有普遍意义还有待于进一步研究证实，但这种实验研究无疑是开创性的。经过广泛的调查研究还发现，长睡者中多出现杰出的思想家和创造性脑力劳动者，如科学泰斗爱因斯坦就是一位长睡者。短睡者中则较易出现社会活动家和应用科学家，如拿破仑和爱迪生都是短睡者。

按照现代医学的建议，成年人每天应该保持7～8小时的睡眠时间。然而，由于受多种因素影响，美国人只有6.1个小时，而中国国内大中城市的情况也与其相差无几。自2002年起，每年的3月21日被定为“世界睡眠日”，这标志着现代的睡眠观念由此树立起来：睡眠开始成为和饮食、锻炼一样与身心健康密切相关的问题。

科学家发现，就生理状况和智力反应而言，早睡早起和晚睡晚起的人并没有太大区别，但睡得太多反而有害身体健康。研究人员指出，睡得好比睡得多更重要。因此疲倦就该上床睡觉，精力充沛就该起床活动。

千差万别的性格

“性格”一词是从希腊文来的，原意是“特征”“标志”“属性”或“特性”。现代心理学把性格看作是人的个性心理特征的核心，是指一个人在个体生活过程中所形成的对现实稳固的态度，以及与之相适应的习惯了的行为方式。

性格是一个复杂的心理现象。影响性格形成的因素是多方面的：遗传因素、环境因素、生物因素等。俗话说“百人百性”。看来人的性格历来是千差万别的：脾气火爆的、像“温吞水”似的、直爽的、多疑的……对于这种差异，有人认为与遗传有关，有人则认为是由血型来决定的。但科学家们却坚信，人体里一定存在着某种决定性格差异的微量物质。经过长期的研究探索之后，美国科学家们终于找到了两种物质：去甲肾上腺素和乙酰胆碱。

当人受到外界刺激的时候，体内会同时释放出甲肾上腺素和乙酰胆碱。专题研究小组的科学家曾对不同性格的人进行脑脊液化验，分析这两种微量物质的不同比例与性格的关系。结果发现：当两者比例关系平衡或基本平衡时，人对外界刺激的反应比较平和，显得不温不火，善于把自己的情绪控制得恰到好处。这类人属于安定型或平均型的性格。

当两者比例关系不平衡，去甲肾上腺素偏高时，就不善于控制自己的情绪。人容易兴奋，也容易与别人发生摩擦，一点很小的刺激就会引起激动，不安定的外向型性格便属于这一类。而两者比例关系不平衡，

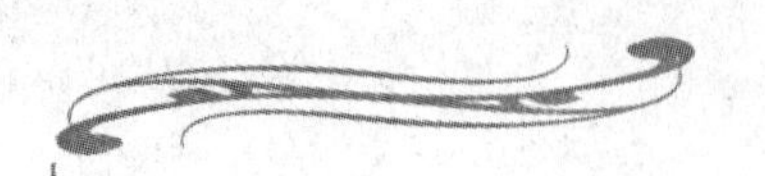

乙酰胆碱偏高的人，则抑制占着优势，外界一般的刺激难以引起他的反应。“温吞水”正是这类安定的内向型性格的写照。

随着科学研究的不断深入，心理学家和社会学家提出：食物可以影响人的性格。在他们看来，情绪不稳定的人，往往是酸性食物摄入过量、缺乏维生素B和维生素C的缘故；优柔寡断者，可能是因为体内缺少维生素和氨基酸；性格固执者，常因喜吃肉类及高脂肪食物，血中尿素偏高所致。因此专家建议，人们要想改变自己性格中的弱点或改善一下情绪，不妨有意识地选择相应的食物。

那些情绪不稳定者应多吃碱性食物，如含钙丰富的大豆、菠菜、牛奶、花生、蟹、蛋黄、土豆等。如果觉得自己在这段时间里情绪波动特别大，甚至无缘无故发脾气，那么最好吃一段时间的素食；优柔寡断者应建立以肉类为中心的饮食习惯，同时大量吃新鲜蔬菜和水果，特别要多吃含维生素A，B，C的食物；消极依赖者应适当节制一些甜食，如蛋糕、可乐等，多吃含钙和维生素B1较丰富的猪肉、羊肉、小麦胚芽、鱼、贝类、大豆制品等；做事虎头蛇尾者应多吃胡萝卜、田螺、鸡肝、卷心菜、扁豆、辣椒、苦瓜、西红柿等，少吃肉类食物；迟钝不灵者需要摄取丰富而多变的食物，多吃富含维生素A，B的蔬菜和含钙丰富的食物，特别是对大脑神经纤维有帮助的海藻类食品，以达到柔软脑神经的目的；以自我为中心者应改掉吃糖过多的习惯，多吃鱼、肉、蔬菜、胡萝卜，绝对不吃过咸的食品。

根据不同的标准，性格可分为多种类型。从心理机能上划分，可分为理智型、情感型和意志型；从心理活动倾向性上划分，可分为内倾型和外倾型；从个体独立性上划分，可分为独立型、顺从型、反抗型；根据核心价值观和注意力焦点及行为习惯的不同，可分为完美型、助人型、成就型、艺术型、理智型、疑惑型、活跃型、领袖型、和平型。

笑的秘密

笑是一种心理状态的表达。一般情况下笑用来表达高兴和快乐，由脸部肌肉动作为表现方式。它大都是由于人的眼睛、耳朵等器官接触外界的事物或语言，转变为信息传入大脑皮层，而后通过大脑对脸部甚至全身的肌肉发出运动的命令而产生的。笑有时不仅会使肌肉运动，声带也会随之振动，由此产生笑声。

人类的笑容是怎么起源的呢？专家认为，笑作为一个行为符号，可能在 3 500 万年前就有了，那是较高级的灵长类动物和更原始的种类“分家”的时候。最初的笑是早期较高级灵长类动物在群落内部相互表示和平、喜爱的一个符号，包括狒狒、猩猩在内的灵长类动物，都有笑的表情。

善于笑的灵长类动物有明显的进化优势。这和人类社会的场景非常类似：在种群内部它们能够改善关系、获得更好的社会地位，从而繁育和抚养更多的后代。在灵长类这样的社会性动物中，必然要有一种行为符号来确认各自的地位、表示和平的意愿，并把相互嬉戏与残酷的杀伤行为分开。没有这样一种符号是不可想象的，否则每一次嬉闹都会演变成相互厮杀。

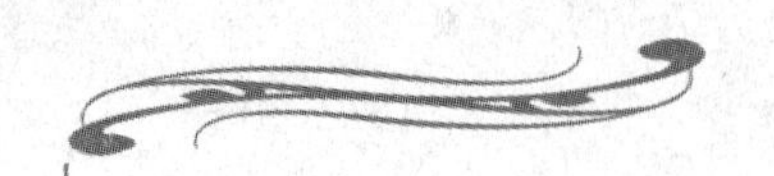

猩猩的笑和人类的笑如此相像并非偶然，因为二者有共同的远祖。笑是一种生物学行为，一种游戏的邀请姿态。人类远祖的笑可以使陌生的客人感到亲切，以缓解危险的紧张局面并降低群落内部冲突。

几乎所有的动物都有类似表示愉悦、亲切的行为符号。比如马，它会昂起头一溜小跑以表达快乐。但是经过数千万年的进化，只有灵长类才能做到运用脸部的几块表情肌肉完成这个功能，这就是笑。

新生儿在出生后一到两个星期内，脸上会开始露出笑容，这被称为自发性微笑。做父母的看到，当然喜笑颜开，非常高兴，但是如果你仔细观察的话，你就会发现，这时新生儿的眼睛是闭着的，它的微笑也不是冲着父母来的。这种微笑是自发性的、不由自主的微笑，就是一些噪音，比如说拍手的声音，也会引起婴儿的自发性微笑。这表明，在一个舒适放松的环境下，新生儿很明显地容易露出笑容，意味着微笑是天生的。婴儿长到两个月左右的时候，自发性微笑就会消失。

俗话说“笑一笑十年少，笑十笑百病消”“一天笑三笑，胜吃神仙药”“笑口常开，健康永在”。这些话虽然夸张，但却蕴含着一定的科学道理。“笑”历来被我国医学家视为保健养生的秘诀，被认为是与生俱来、不需花钱的最佳天然保健品。

数十年来，医学家们一直在研究笑对身心健康的作用。研究证实，发自肺腑的真诚微笑，能降低血压、改善心功能、增智益脑、促进食欲、改善睡眠；能加速血液流动，增强心血管功能，改善血液循环。另外，笑是一种很好的健身运动。每笑一声，从面部到腹部约有 80 块肌肉参与运动。要是笑 100 次，对心脏的血液循环和肺功能的锻炼，相当于划 10 分钟船的运动效果。另外，笑伴随的腹部肌群的起伏，又是一种极好的腹肌运动。腹肌在大笑中强烈的收缩和震荡，不仅有助于把血液挤入胸腔静脉，改善心肌供血，对胃、肠、肝、脾、胰等脏器也是一种极好的按摩。对于那些伏案工作者，由于颈、背、腰肌长期处于固定状态，过分的紧张和收缩容易引起头痛和腰背部酸痛。笑，可使一些部位的肌肉收缩，另一些部位的肌肉放松，一张一弛，使劳累的肌肉在运动中得以放松。

笑能缓解疼痛。这是因为人的笑来源于主管情绪的右脑额叶。每笑一次，就能刺激大脑分泌一种能让人欣快的激素——内啡呔。它能使人心旷神怡，止痛作用相当于吗啡的40倍，对缓解抑郁症和各种疼痛十分有益。

笑还能调节大脑神经功能、消除紧张情绪、释放宣泄压力、解除疲劳、排除忧虑烦恼和不快；能沟通相互关系，拉近人与人之间的距离，使人际关系顺畅和谐；使人心情愉悦、精神振奋、头脑清醒，激发生活的动力和工作上的创造力。

由此看来，笑对人体有很多益处。可惜的是，人到成年，每人每天平均只笑15次，比孩提时代每天笑400次左右少多了。对健康来说，这是令人遗憾的损失。

大笑时血压会升高，因此患有心脑血管疾病的老年人不宜大笑。另外，对于胃溃疡病人而言，大笑可使迷走神经兴奋，胃酸分泌增多，胃壁肌肉张力加强，腹压增高，易诱发溃疡穿孔。健康的年轻人可开怀大笑，可是也要避免过度频繁，以免导致氧气不够和过度换气，出现上气不接下气的现象，反而耗气伤心，于健康无益。

眼泪的奥妙

常言道“喜怒哀乐，人之常情”。即便是一个性格刚强的人，也难免会有痛哭流涕的时候。人类学家发现，在种类众多的灵长类动物中，人类是唯一会哭泣流泪的。流泪是人们与生俱来的简单行为，无需学习，人人都会，就像心脏搏动、肾脏排泄一样本能，像叹息、打喷嚏一样自发。那么，人为什么要流眼泪？流泪对于人体有什么作用？有什么意义？这些问题看似简单，却是长期以来使研究者们深感困惑的难题。

进化论的创始人达尔文曾经这样推测：流泪是某种进化的“遗迹”，与进化过程中的生存竞争没有关系。哭泣时，眼睛周围的微血管会充血，同时小肌肉为保护眼睛而收缩，于是导致泪腺分泌眼泪。达尔文认为，对于人体来说，眼泪本身是没有意义的“副产品”。

美国人类学家阿希莱·蒙塔戈的观点与达尔文截然相反。他认为，流眼泪对人体具有益处，这种益处在进化中有一定影响，因而能通过自然选择被一代一代地保存下来，人类会流泪正是适者生存的结果。他举例说：眼泪中含有溶菌酶，这是人体一种自卫物质，它能保护鼻咽黏膜不被细菌感染。观察表明：没有眼泪地干哭很容易使鼻咽黏膜干燥而受感染。

今天，越来越多的学者赞同蒙塔戈的观点，相信流泪行为对人体可能具有某些益处，美国明尼苏达大学心理学家威廉·弗里从心理学和生物化学的角度对流泪行为进行了比较全面的研究。他把流泪分成反射性流泪和情感性流泪。在5年时间里，威廉·弗里研究了数以千计的流泪志愿受试者。他的统计表明，在一个月时间内，男人哭泣流泪的次数很少超过7次，而女人则在30次以上。绝大多数受试者每次哭泣流泪的时间为1～2分钟，偶然有持续哭泣达1小时40分钟的“纪录”。晚上7～10点，同家人亲朋相聚或者在看电视时，是情感性流泪发生频率最高的时间。根据自诉，大约有45%的男人经常在一个月之内没有哭过一次。而女人中只有6%的人可能在一个月中一次不哭。女人40%的哭泣是由于争论、婚姻、爱情和其他人际关系。男子因为人际关系哭泣的只占36%，而为电影、电视、书本内容和不明原因的忧郁流泪的比例明显高于女子。弗里用特制的小试管收集受试者的眼泪，对眼泪样品进行分析测试。他发现，情感性流泪的泪水中含蛋白质较多，而反射性流泪的泪水中含蛋白质较少。在这些结构复杂的蛋白质中，有一种据测定可能是类似止痛剂的化学物质。根据这一结果弗里推测，流泪可能是一种排泄行为，能排除人体由于感情压力所造成和积累起来的生化毒素，这些毒素如果不通过流泪排出，留在体内将对健康不利。情感性流泪排泄毒素，使流泪者恢复心理和生理上的平衡，因而对健康有益。然而，通过眼泪排出的究竟是什么成分的毒素？眼泪中所含的又有哪些功能不同的蛋白质？它们是如何产生，怎样代谢的？这些连弗里本人也不清楚。搞清楚这些问题，将能帮助人们判断弗里的学说是否正确。

那么，为什么灵长类动物中唯独人类会流泪呢？对于这一点，研究者们长期以来似乎一直找不到比较合理的解释。1960年，英国人类学家哈代教授提出轰动一时的“海猿假说”。以往的人类起源理论都认为，人类诞生的舞台是森林草原。而哈代提出，在人类进化历史中，存在着一段几百万年的水生海猿阶段。这一特殊的阶段在人类身上至今留有深刻的印记，留有解剖生理方面的痕迹。这些特征，在别的陆生灵长类动物身上都是没有的，而在海豹、海狮等海洋兽类、海鸟身上却同样存在。例如，人类的泪腺会分泌泪液，泪水中含有约0.9%的盐分，这一特殊的

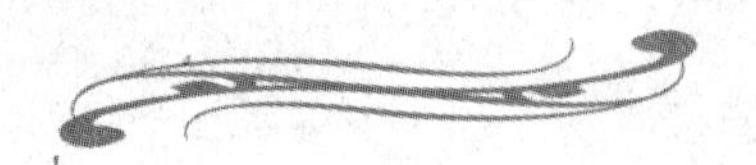

生理现象也是海兽的特征，是古老的海猿阶段留在人体上的痕迹。在缺少盐分的陆上进化发展的动物，是不可能产生这种“浪费”盐分的生理特征的。哈代教授的海猿假说在刚提出时曾被视为“异想天开”。然而，随着时间的推移，这一假说并没有被驳倒，相反，相信这一假说的研究者越来越多。1983年，澳大利亚墨尔本大学生物学家彼立克·丹通教授研究比较了人类和其他哺乳动物控制体内盐平衡的生理机制，他的研究也指出：人类的流泪可能起源自海兽泪腺的泌盐机制。海猿学说也许是目前唯一能解释人类流泪起源的学说。然而，这一学说目前还缺乏可靠的化石依据，尚未被多数人类学家所接受。作为一种人类起源进化的假说，海猿学说有待进一步完善。

人类流泪是怎样起源的？人为什么流眼泪？尽管研究者从不同的角度对此作了探索，然而这些问题仍是科学上的谜。可以说，对流泪行为进行认真的研究，现在还只是刚刚开始，要解开流泪的秘密，有待于各方面研究者的共同努力。

知识链接

眼泪是以血为原料，由泪腺加工而成。在人们的泪水中，99%是水分，1%是固体，而这固体一半以上是盐。在正常情况下，泪水的分泌物量一般为足够湿润结膜与角膜表面，防止干燥为宜。如泪腺产生的泪水过多，超过泪道正常排出量，跑出眼眶，流到面颊，就叫流泪。泪水除湿润角膜和结膜防止干燥外，还有消毒和杀菌作用。

记忆揭秘

世界上每一个健康的人，每天都在和记忆打交道，都在自觉不自觉地记忆着接触的人和事。记忆，就像一位神秘的魔术师，悄悄地伴随着人们的思维和实践活动。那么，什么是记忆呢?

顾名思义，“记”就是记住，“忆”就是回忆。换言之，当我们感知过的事物不再作用于我们的感官的时候，并不随之消失，而是在头脑中保留一段时间，以后还能回忆起来，这就是“记忆”。人类正是凭借记忆扩大知识领域，创造现代文明，推动社会发展的。

许多试验表明：人的记忆力也有一个“用进废退”的问题。一个后天双目失明的人，在失明之前，他的听觉和触觉记忆能力都和常人一样，但是，失明数年之后，他的听觉和触觉记忆能力却变得特别发达，比正常人高出数十倍。同时，科学证明：人脑这座“人类心灵之仓”，其信息储存量是相当惊人的，潜力是无穷的。正常人的大脑约有 140 亿个神经细胞，这是大脑记忆的物质基础。这 140 亿个神经细胞相互间可以产生千丝万缕的联系，所以大脑可以保存大量的信息。一位专门研究记忆量的美国心理学家认为：即使我们每秒钟给大脑输送 10 个信息，就这么不停地输送一辈子，大脑还有记忆其他事物的余地。人脑记忆系统的高度完善是当代电子计算机所无法比拟的。然而，即使是世界上记忆力最好的人也未能达到自身记忆潜力的 1%。

加强人的记忆，一直是人类的强烈愿望。脑科学研究正试图揭开记忆之谜，即大脑中有没有记忆的物质或促进记忆的物质。美国心理学家们通过一系列实验后认为，大脑中有记忆分子。以后，科学家们进一步证实，记忆分子可能是一种特殊的蛋白质分子。蛋白质分子是由各种不同的氨基酸构成的，氨基酸的排列组合不同，就形成了不同的蛋白质分子，就可以作为不同的记忆信息的载体。

大脑中有记忆的物质，也有促进记忆的物质。美国加利福尼亚大学的科学家麦戈发现，戊四氮有促进长期记忆的作用。他对两个品系的鼠记忆能力作了试验。第一品系的鼠记忆能力强，第二品系的鼠记忆迟钝。麦戈给后者在每次训练后注射适量的戊四氮，其记忆力增强了40%，超过了第一品系的老鼠。

近年来，科学家们从脑垂体中分离出一种脑肽，叫“后叶加压素”。比利时科学家勒加罗发现，人过中年以后，后叶加压素的分泌量减少，这可能是记忆力衰退的一个重要原因。他对12个平均年龄为59岁的人每天喷射16目标单位的加压素，发现记忆力有明显好转。对有些因车祸而丧失记忆的人用加压素进行治疗，原先已丧失一切记忆的人重新记起了自己的往事。

现在，加压素和戊四氮等化学物质的结构已经搞清，并开始了人工合成，对它们的生理功能进行详细研究后有可能成为加强和恢复记忆的药物。

知识链接

人的大脑有四个记忆高潮：清晨起床后是第一个记忆高潮，此刻学习一些难记忆而又必须记忆的东西较为适宜；上午8点至11点是第二个记忆高潮，此时大脑具有严谨而周密的思考能力；第三个记忆高潮是下午6点至8点，不少人利用这段时间来回顾、复习全天学习过的东西；睡前一小时是记忆的第四个高潮，利用这段时间对难以记忆的东西加以复习，不易遗忘。

人类独有的怨恨情绪

人们曾经认为，要区别人和动物很简单，人有感情动物没有感情。后来，科学家发现，动物和人类一样也有复杂的情感体验，也会通过语言来交流。现在，研究人员终于发现，人类与动物至少有一个特征是不同的，就连我们最“亲近”的黑猩猩，也不具备这种特征。这种特征就是“怨恨”。

科学家表示，怨恨是一种不好的情绪，它会让人觉得世界很不公平，而这也许是人类喜欢强调公平竞争的原因之一。科学家认为，希望得到和他人一样的公平待遇，是人类特有的一种想法。为了证实动物是否也要求平等，德国一个研究小组对黑猩猩进行了一系列实验，希望看看当黑猩猩处在人类看来不平等的境地时，会有怎样的反应。

在第一个实验中，研究人员将黑猩猩关进笼子，然后在笼子外放置一个装满食物的桌子。与此同时，研究人员将一根绳子绑在桌脚上，只要笼子里的猩猩拉这条绳子，桌子就会倒下。当食物在黑猩猩够得着的范围内时，黑猩猩不会去拉绳子。但是，当研究人员将食物移到桌子的另一边时，感到受挫的黑猩猩，有30%的概率会将桌子拉倒。

在第二个实验中，研究人员将另一只黑猩猩关进笼子，并把笼子放在这张桌子的另一头。当研究人员将食物移到桌子的另一边时，第二只黑猩猩就更容易拿到食物，而第一只黑猩猩因此成了“受害者”。

根据研究人员的假设，如果第一只黑猩猩对第二只黑猩猩感到“怨

恨”的话，它只要随便拉一下绳子，就能把桌子拉倒，不让对方吃到桌上的食物。但实验结果却表明，吃不到食物的第一只黑猩猩，拉动绳子的概率依然为30%，和自己吃不到时的情况是一样的。研究人员表示，黑猩猩不会仅仅因为看到其他黑猩猩吃食物，而自己吃不到就拉倒桌子，这说明黑猩猩是不懂得怨恨的。它们不会仅仅因为别人拥有自己没有的东西，就去惩罚对方。

在人的情绪中，怨恨是最强烈的一种负面情绪。据最近发表的一项研究报道，有些人可能会觉得他们有权怨恨那些伤害过自己的人，但这种不原谅他人的情绪可能会使身体受到损害。专家指出，从理论上说，习惯性地回顾过去错事的人可能使其身体健康受到损害。为测定宽容和怨恨的短期作用，研究人员对71名曾遭受朋友、家庭成员或伴侣伤害的人进行研究。受试者被分成两组，分别进行两组不同的情绪体验。“怨恨情绪组”使受试者反复回想受伤害的情况，并考虑侵犯者应该为其行为受何种惩罚；而“宽容情绪组”使受试者理解侵犯者，并且认识到自己也曾伤害过他人。研究者对两种情绪下受试者的血压、心率及其他生理反应进行了测定，他们发现，怨恨者会表现出更多的负性情感、愤怒、忧伤以及缺乏控制力，还有心率、血压升高及神经系统活动较强。目前尚不清楚这种短期反应对人体的长期健康有何意义，但研究人员指出，怨恨成习惯的人将会损害其心血管系统的健康。另外已发现应激可以削弱免疫系统，可能会带来很多健康问题，包括更容易被感染。

我们知道，消除怨恨最直接有效的方法就是选择宽容。既然宽容与人体健康有着密切的关系，那么，它就更应该作为一种美德受到推崇。

知慧人生

对于人体疾病，人们通常认为仅仅是病菌病毒以及有害的化学物质造成的，而忽视了精神因素的的作用。其实，多数身体疾病，都是有其心理病源的。精神因素不仅能造成精神疾病，而且也能导致机体疾病。生气、愤怒、绝望、悲观、焦虑、忧愁、惊惧等情绪上的震动会导致和加重种种疾病目前已经成为人们的共识。

“左撇子”的科学新发现

你可能已经注意到，大多数人习惯于用右手写字、拿筷子，大多数人的右手比左手灵活，如果不是的话，我们常称他们为“左撇子”。据科学家统计，在人类中大约有4%的人是“左撇子”。

对一般人来说，右手比左手灵活，这是为什么呢？这不仅仅是习惯上的原因，而且与人脑左右两半球的功能分工有关。科学研究表明，人的大脑两半球各部位的功能是不尽相同的，而且有分工。总体上讲，左半球负责人的右半身的动作；而右脑则负责左半身的动作。具体来讲，左脑支配着人的语言以及与之相关的读、写、听、说以及计算、口头记忆等思维活动；而右脑在记忆图形，把握空间、音乐、美术、技术等方面有较大优越性。

由于人们的大量思维活动更多地集中在左脑，所以人们的左脑相对右脑使用的频率较大。因此，右手、右眼作为左脑支配的对象，相对来说就较右脑支配的左手和左眼使用较多。懂得了这个道理，我们就能明白为什么“右撇子”多，“左撇子”少了。

虽然“左撇子”属于“少数派”，不过，如果你是个左撇子，也不要因此而烦恼。科学家们的一些研究结果表明，“左撇子”记忆力更强而且更有运动天赋。

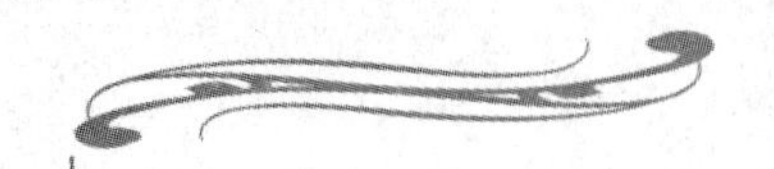

科学家认为，“左撇子”的记忆是事态性记忆，对事件的细节比较注重，可能就是这个因素使他们有较强的记忆力；而“右撇子”的记忆是非事态性的记忆，只能记起事件的大概及其内涵。根据研究，事态性记忆要靠左右半脑“通力合作”才能完成，“左撇子”或具有“左撇子”倾向的人能够很好地调动两个半脑的活动，因此能够很好地记忆事件的细节。

“左撇子”在体育运动方面具有天赋。具体原因是什么，有不同的解释：一种解释是这和这些人的大脑结构有关。研究发现，“左撇子”的胼胝体比一般人发达，能更快地在大脑两个半球之间传递信息。很多实验表明，“左撇子”的中枢神经系统的活动敏感性比“右撇子”者强，这在比赛中就占有了很大的优势，因为很多比赛都是在千分之几秒之内决定胜负的。许多出色的网球运动员都是“左撇子”。另一种解释是“左撇子”与“右撇子”的神经环路不同。这种观念认为，比如打乒乓球，从“看东西”的大脑右半球到握拍的手，“左撇子”和“右撇子”的神经反应途径并不相同。“右撇子”必须走“右半球—左半球—右手”的路径，而“左撇子”直接走“右半球—左手”的路线，神经反射直接从右半球传到左手，其中少了一个环节，所以速度比较迅捷。

关于“左撇子”形成的原因也存在不同说法。有人用显性基因和隐性基因来解释左右撇子的成因。“右撇子”基因是显性的，而“左撇子”基因是隐性的，只有在特殊的基因配对中，“左撇子”隐性基因的性状得以显示，所以在总人口中，左撇子成为少数。

也有研究报道，一个人习惯使用左手或右手，是由单一基因决定的，医学界正在努力找出这个基因。曾有人对100对“左撇子”夫妇及其父母、子女进行研究发现，从父母或双亲遗传到这个基因的，天生就惯用右手；没有这个基因的，则可能惯用左手，也可能惯用右手。82％的人至少有一个这种基因，因而成为“右撇子”；18％的人没有这个基因，其中一半成为惯用右手者，另一半或是惯用左手，或是两手都善用。这一研究解释了同卵双胞胎的惯用手不同的原因。

还有人从头发的旋向研究可能控制“左撇子”性状的基因。美国专家克拉尔通过在人群密集的机场、超市对人的头发的旋向进行观察发现，95％的“右撇子”头发都是顺时针方向旋转的，而“左撇子”和左右手都很灵活的人，头发顺时针和逆时针旋转的各占一半。克拉尔认为，人体内可能存在这样一个基因，它有两种表现形式，一种带有头发右旋的特征信息，另一种则带有头发随机旋向的特征信息。正是这个基因控制人的用手偏向性与头发的旋向。前一种表现形式属于显性，后一种表现形式则属于隐性。拥有一个或两个都是右旋信息基因的人必定是“右撇子”，头发顺时针旋转；带有两个随机旋向特征信息基因的人才有可能不一定为“右撇子”，而是成为“左撇子”或“右撇子”的几率各占一半。这一理论与单一基因决定的理论有些不同，但同样可以解释一卵双胎左右撇子各半的现象。因为他们都带有两个随机旋向特征信息基因，按几率出现一半“左撇子”，一半“右撇子”。这个基因究竟是什么，仍有待科学家不断努力去最终揭开谜底。

知识链接

1975年8月13日，美国堪萨斯州托佩卡市的一群左撇子建立了名叫“左撇子国际”的组织，他们设想把全世界的“左撇子”联合起来，共同争取“左撇子”的权益。一年后，该组织举行庆祝活动，并将1976年的8月13日确定为第一个“国际左撇子日”。

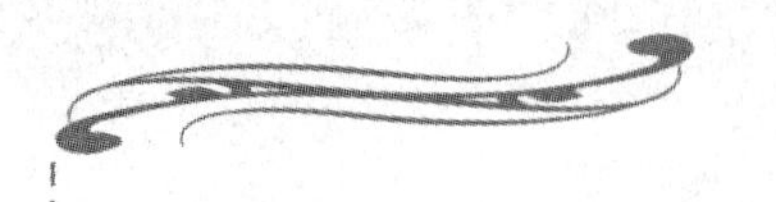

人体离不开微生物

近代医学一个重要的里程碑，就是对微生物与疾病之间关系的了解。知道微生物是许多疾病的元凶后，科学家们便着手研究各种杀菌和抗菌的方法，以避免或治疗微生物感染的问题。其实，每一个人的身上都有千千万万个微生物，但你不必担心害怕，因为许多微生物对人是很友好的，一旦离开它们，人还会有生命危险呢！

人自出生、发育、成熟，直到生命的最后一刻，无不与微生物休戚相关。从我们出生的那一刻起，各种微生物就借着食物和空气不断地进入人体任何一个与外界相通的管道。不少微生物因而成了人体的常住“居民”，它们分布在人体的各个部位。比如，人体的肠道内至少有100～500种微生物，每克大便中大约有1 000亿个微生物。

人体微生物中的大多数不但对人体无害而且还是人体的好朋友。有的微生物能在皮肤或黏膜表面形成一层菌膜屏障，防止外来致病菌的入侵，并能产生一些抗菌物质，抑制甚至杀死入侵的致病菌；有的微生物能产生一些人类需要的营养物质；有的能帮助蛋白质、脂类和胆固醇的代谢；有的还能防止体内致癌物质的产生，起到防癌作用；还有更重要的是正常微生物能够增强人体免疫力。

人的皮肤是多种微生物的栖息地。链球菌、大肠杆菌和真菌等，经常在那里活动。万一皮肤受到损伤，致病菌会侵入伤口，引起化脓感染。打针时之所以要用酒精消毒皮肤，就是为了防止皮肤上的微生物随着注射器的针眼进入人体。人的疱疹病毒可以长期生活在口唇周围的皮肤上，不过在一般情况下它们不会致病，只有当人的抵抗力下降时才引起疱疹病。

龋齿是少年儿童中最常见的一种牙病。现在科学家已经在龋齿病人的口腔中找到了罪魁祸首——一种叫变形链球菌的微生物。医生在给龋齿病人治病时，总是试图将这种链球菌清除掉。其实，变形链球菌本来就是人体口腔内的常住“居民”，是很难彻底清除的。我们只要养成饭后漱口、睡前刷牙的卫生习惯，减少口腔中变形链球菌的数量，使它们恢复正常数量，这种链球菌便能和人体相安无事了。

呼吸道是人体内部直接与外界相通的地方，那里也是微生物活动的舞台。在这些微生物中，有些是常住“居民”，有些是匆匆来去的“过路客”。其中，有些成员会引起肺炎、肺结核、白喉和流行性感冒等疾病，但绝大多数微生物有阻止外来微生物侵入的作用。

人体已成为许多微生物安居乐业的场所，这些微生物也成了人体的终身伴侣。但是，微生物和人体并不总是友好相处的，特别是一些致病菌遇到适宜的时机，如人体服用的抗生素过多、皮肤破裂、人体过度疲劳等，就会兴风作浪，使人得病。至今，大部分的人体微生物对我们仍然是一个谜。这是因为人体中的微生物很难研究，大约只有1%的细菌可以在实验环境中存活。

知识链接

一个健康成人全身细胞总数约10万亿，而全身栖息的微生物总数约100万亿，相当于自身细胞总数的10倍。据统计，人体正常菌群总量重达1 271克，其中肠道1 000克，皮肤200克，口腔、上呼吸道和阴道各占20克，鼻腔10克和眼部1克。

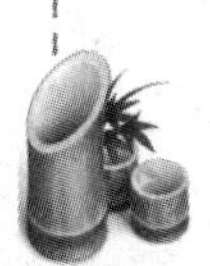

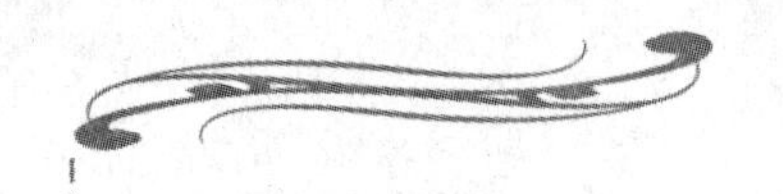

梦的益处

做梦是人体一种正常的、必不可少的生理和心理现象。人入睡后，一小部分脑细胞仍在活动，这就是梦的基础。人为什么会做梦？梦有什么意义？梦对人有什么影响？千百年来，占梦学家、心理学家以及神经生物学家一直为此苦苦求索。

人类对做梦的较为严谨的科学研究始于17世纪。1886年，梦学专家罗伯特认为，人在一天的活动中有意或无意地接触到无数的信息，必须经过做梦把这些信息释放一部分，这就是著名的“做梦是为了忘记”的理论。在罗伯特以后不久，又出现了弗洛伊德心理学解梦理论。弗洛伊德认为，人不停地产生着愿望和欲望，这些愿望和欲望在梦中通过各种伪装和变形表现和释放出来，这样才不会闯入人的意识把人弄醒，也就是说梦能够帮助人排除意识体系无法接受的那些愿望和欲望，是保护睡眠的卫士。弗洛伊德的理论从20世纪初一直流行到20世纪60年代，后来世界上对梦的研究慢慢地离开心理学领域，进入生物学领域，做梦从此被视为是一种生物现象。

法国神经生物学家米歇尔·儒韦是梦学研究的国际知名专家，他于1959年把有梦定义为“反常睡眠”。儒韦通过脑电图测试发现，人每隔90分钟就有5～20分钟的有梦睡眠，仪器屏幕上反映的信号不同，显示了人在睡眠中大脑活动的变化。如果在脑电图的电波上显示无梦睡眠时把接受测试的人唤醒，他会说没有任何梦境；假如在显示有梦睡眠时唤醒他，他会记得刚刚做的梦。此外，研究人员采用X线断层摄像仪测试发现，大脑在有梦睡眠阶段的图像接近于清醒时的图像。

随着现代心理学的进展，对梦的研究越来越深入，千百年笼罩在梦境上的神秘面纱被渐渐撩开，“有梦睡眠有助于大脑健康”，就是最近的研究结论之一。

心理学家认为，人的智能有很大潜力，一般情况下只用了不到1/4，另外的 3/4 潜藏在无意识之中，而做梦便是一种典型的无意识活动。通过做梦能重新组合已有的知识，把新知识与旧知识合理地融合在一起，最后存入记忆的仓库中，使知识成为自己的智慧和才能。另外，梦境可帮助你进行创造性思维，许多著名科学家、文学家的丰硕成果，不少亦得益于梦的启迪。

科学工作者做过一些阻断人做梦的实验。即当睡眠者一出现做梦的脑电波时，就立即被唤醒，不让其梦境继续，如此反复进行，结果发现对梦的剥夺，会导致人体一系列生理异常，如血压、脉搏、体温以及皮肤的电反应能力均有增高的趋势，自主神经系统机能有所减弱，同时还会引起人的一系列不良心理反应，如焦虑不安、紧张、易怒、感知幻觉、记忆障碍、定向障碍等。显而易见，正常的梦境活动，是保证机体正常活力的重要因素之一。

临床医生发现，有些患有头痛和头晕的病人，常诉说睡眠中不做梦或很少做梦，经诊断检查，证实这些病人脑内轻微出血或长有肿瘤。医学观察表明，痴呆儿童有梦睡眠明显地少于同龄的正常儿童，患慢性脑综合征的老人，有梦睡眠明显少于同龄的正常老人。最近的研究成果亦证实了这个观点，即梦是大脑调节中心平衡机体各种功能的结果，梦是大脑健康发育和维持正常思维的需要。倘若大脑调节中心受损，就形成不了梦，或仅出现一些残缺不全的梦境片断，如果长期无梦睡眠，倒值得人们警惕了。当然，若长期噩梦连连，也常是身体虚弱或患有某些疾病的预兆。

研究人员最近发现，大脑中负责看梦中景象和看外部视觉景象的视觉神经系统原来是各自独立存在的。看梦的内视系统被证实独立存在以后，就能够解释为什么我们在梦中会有扩大的情感，为什么能接受那些不合理的古怪情节以及紊乱的时空观念。

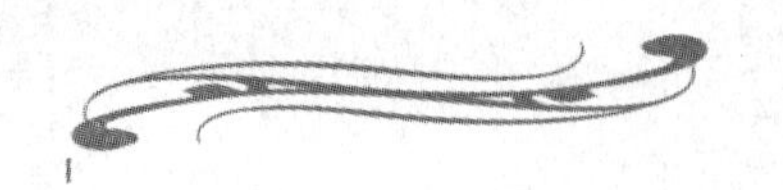

细胞的发现

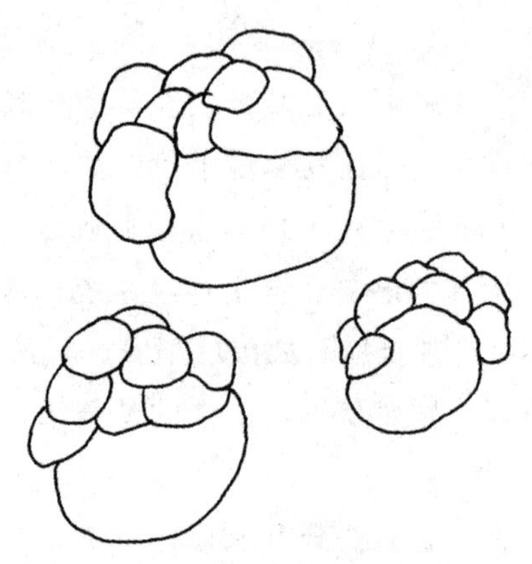

人类对于客观规律的正确认识，不会凭空产生，而是在实践中探索出来的，人们对细胞世界的认识也不例外。细胞学的发展是和显微镜的发展联系在一起的。

早在细胞发现之前，人们已对人体的构造进行了研究。公元十一二世纪，我国已有根据实物绘制的人体解剖图谱。1543 年，比利时解剖学家维萨里发表了《人体的构造》，逐步建立了解剖学。但维萨里本人却受到宗教迫害，1564 年死在流放途中。他的学生继续他的工作，终于以事实证明了教会的荒谬无知。1604 年，英国医生哈维正式在伦敦开设解剖学讲座。1625 年，他又用实验的方法发现了血液循环。科学家在解剖学上的胜利，不仅为解剖学的发展扫清了道路，也为人类探索细胞世界打下了思想基础。但是由于人眼的分辨率只有 100 微米，不能看到小于 100 微米的物体，而组成动植物身体的大多数细胞才 20～30 微米，因此，在显微镜发明之前，还不可能知道细胞是什么东西。

最早提出“细胞”这一概念的是 17 世纪末的英国科学家胡克，他用自制显微镜看到了软木薄片上有许多蜂窝状的小室，他把这些小室称为“细胞”。胡克当时认为，这些细胞与动物血管有类似的作用，液体在其中流动以运输养料。事实上，他当时观察到的只是木栓死细胞的细胞壁。但是，胡克对细胞的描绘，是人类对生物细胞的首次发现和观察记录。

不久后，荷兰人列文虎克用自己制作的显微镜第一次看到了活细胞。

细胞的研究大门打开了。但当时所用的显微镜都是手工磨制的，时间长，价格贵，质量差。由于受到研究工具的限制，因此，从1675—1830年间的150多年中，有关细胞的知识几乎没有什么进展。1830年后，随着工业生产的发展，显微镜制作克服了镜头模糊与色差等的缺点，分辨率提高到1微米，显微镜也开始逐渐普及。改进后的显微镜，细胞及其内含物被观察得更为清晰。1839年，德国植物学家施莱登从大量植物的观察中得出结论：所有植物都是由细胞构成的。与此同时，德国动物学家施旺做了大量动物细胞的研究工作。当时由于受胡克的影响，对细胞的观察侧重于细胞壁而不是细胞的内含物，因而对无细胞壁的动物细胞的认识就比植物细胞晚得多。施旺进行了大量研究，第一个描述了动物细胞与植物细胞相似的情况。然而，施莱登和施旺虽然正确地指出新的细胞可以由老的细胞产生，却提出了一个错误的概念：新细胞在老细胞的核中产生，由非细胞物质产生新细胞，并通过老细胞崩解而完成。由于这两位科学家的权威，使得这种错误观点统治了许多年。后来，许多研究者的观察表明，细胞的产生只能由原来存在的细胞经过分裂的方式来完成，1858年，德国病理学家魏尔肖提出了“一切细胞来自细胞”的著名论断。至此，细胞学说才全部完成。

细胞学说的创立，有着巨大的哲学意义。18世纪时，差不多整个化学界和生物界对生命现象是不清楚的，认为是上帝创造天下，许多反科学的迷信论断遮住了人们的双眼。细胞的发现使人们从表面上无限多样的生物世界中看到了它的统一性，尤其是施旺和施莱登宣布：从单细胞生物到高等动植物，包括人在内的所有生物都是由细胞组成的。人们终于明白了，世界上的万物都是由细胞组成的，并不是由哪个神灵凭空创造出来的。

细胞学说的创立，也是生物科学发展的一个里程碑，对生物科学的发展有着深远的影响。人们开始对各种有机体的细胞组成进行广泛的研究。1870年发明了切片机，能把组织的细胞群体切成几微米的薄片供显微镜观察；新的工业染料的发现与合成，使细胞能被有效地染上颜色，在显微镜下观察就显得更为清晰。光学显微镜提供了研究细胞结构的重要手段，人们逐步认识了细胞核及其作用。

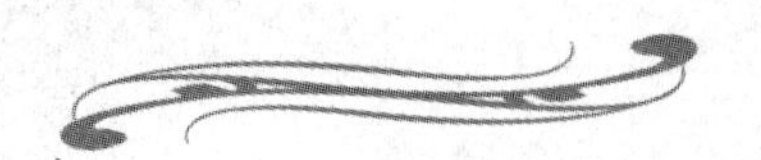

20 世纪 40 年代后，电子显微镜得到广泛使用，借助于这种高科技工具，人体细胞的奥秘终于大白于天下。其实，人体细胞大小不一，形态各异，更不是个简单的小水囊。如上皮细胞是扁平的，腺体细胞是高柱状的，红细胞像个扁扁的小圆盘子，而神经细胞却像个张牙舞爪的大章鱼。

大部分细胞都由三部分组成，一部分是细胞核，还有一部分是包在核外面的细胞质，细胞的表面是一层薄而略有弹性的细胞膜。细胞核一般是圆形或卵圆形，它含有一个或一个以上颜色稍深的圆形小体，称为核仁；还有一些非常纤细的像线那样的东西，叫作染色体。人的所有遗传信息——基因——都储存在染色体上。在人的每一个细胞中，染色体的数目都是 46 个，唯独生殖细胞是个例外，每个成熟的生殖细胞都只有 23 个染色体。

人体细胞的寿命长短不一。肠黏膜细胞的寿命为 3 天，肝细胞寿命为 500 天，而脑与骨髓里的神经细胞的寿命有几十年，同人体寿命几乎相等。人体血液里的红细胞寿命大约只有 120 天。同是血液里的一种白细胞——粒细胞——的寿命却不到 1 天。

细胞是生命的基本单位，而细胞的特殊性会决定个体的特殊性，因此，对细胞的深入研究是揭开生命奥秘、改造生命和征服疾病的关键。现在，细胞生物学已经成为当代生物科学中发展最快的一门尖端学科。20 世纪 50 年代以来诺贝尔生理与医学奖大都授予了从事细胞生物学研究的科学家。

知识链接

由于细胞的发现，人们不仅知道一切高等有机体都是按照一个共同的规律生长发育的，而且通过细胞的变异，不断地改变自己，并向更高的生命层次迈进。由于细胞学说的建立有力地推动了生物学的发展，恩格斯把细胞学说誉为 19 世纪自然科学的三大发现之一。

病毒的发现

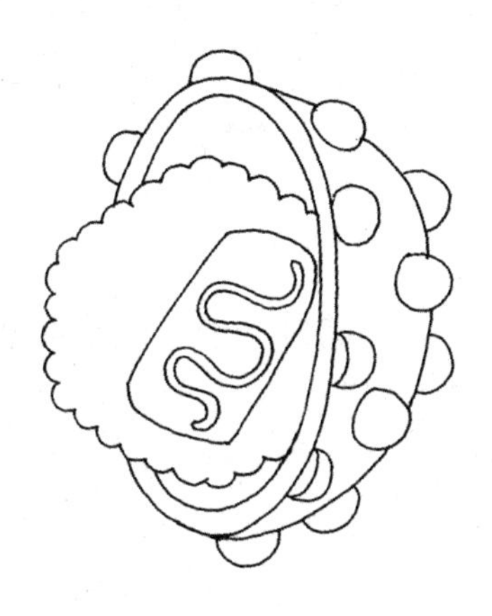

病毒是一种比细菌更小的生物，与细菌不同之处在于病毒没有一套完整的新陈代谢系统，不能独立生存或繁殖。因此，病毒需进入寄主细胞来繁殖，并赖以生存。

病毒在自然界分布广泛，可感染细菌、真菌、植物、动物和人，常引起宿主发病。但在许多情况下，病毒也可与宿主共存而不引起明显的疾病。关于病毒所导致的疾病，早在公元前2世纪的印度和中国就有了关于天花的记录。但直到19世纪末，病毒才开始逐渐得以发现和鉴定。

在病毒大家庭中，有一种病毒有着特殊的地位，这就是烟草花叶病毒。无论是病毒的发现，还是后来对病毒的深入研究，烟草花叶病毒都是病毒学工作者的主要研究对象，起着与众不同的作用。

1886年，在荷兰工作的德国人麦尔把患有花叶病的烟草植株的叶片加水研碎，取其汁液注射到健康烟草的叶脉中，能引起花叶病，证明这种病是可以传染的。通过对叶子和土壤的分析，麦尔指出烟草花叶病是由细菌引起的。

1892年，俄国的伊万诺夫斯基重复了麦尔的试验，证实了麦尔所看到的现象，而且进一步发现，患病烟草植株的叶片汁液，通过细菌过滤器后，还能引发健康的烟草植株发生花叶病。这种现象起码可以说明，致病的病原体不是细菌，但伊万诺夫斯基将其解释为是由于细菌产生的

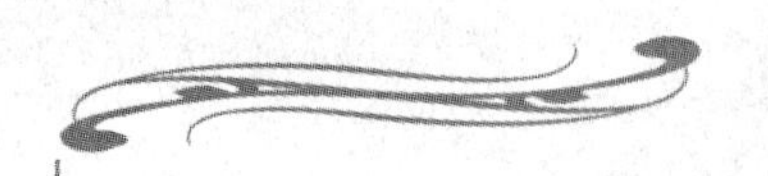

毒素而引起的。当时，细菌学之父巴斯德已经提出了细菌致病说，因此，伊万诺夫斯基并未能做进一步的思考，从而错失了一次获得重大发现的机会。

1898年，荷兰细菌学家贝杰林克同样证实了麦尔的观察结果，并同伊万诺夫斯基一样，发现烟草花叶病病原能够通过细菌过滤器。但贝杰林克想得更深入。他把烟草花叶病株的汁液置于琼脂凝胶块的表面，发现感染烟草花叶病的物质在凝胶中以适度的速度扩散，而细菌仍滞留于琼脂的表面。从这些实验结果中，贝杰林克指出，引起烟草花叶病的致病因子有3个特点：能通过细菌过滤器，仅能在感染的细胞内繁殖，在体外非生命物质中不能生长。根据这几个特点，贝杰林克提出这种致病因子不是细菌，而是一种新的物质，贝杰林克把它称为“过滤性病毒”。后来去掉了“过滤”一词，简称“病毒”。

神奇的病毒“诞生”了。几乎是同时，德国细菌学家勒夫勒和费罗施发现引起牛口蹄疫的病原也可以通过细菌过滤器，从而再次证明伊万诺夫斯基和贝杰林克的重大发现。

1901年，美国的细菌学家里德证明了黄热病是由病毒引起的。这是第一个被证明的人类病毒症。随着新技术的应用，到1931年已发现40种病是由病毒引起的。

1935年，美国化学家斯坦利首次提纯出烟草花叶病毒结晶，指出病毒是“一种自动催化蛋白质，目前可以认为它只有生活在活细胞中才能繁殖”。他因此荣获了1946年诺贝尔化学奖。

电子显微镜研制成功以后，科学家们终于看到了烟草花叶病毒的真实面目：没有典型的细胞结构，形态很小，一般只有0.08～0.3微米，主要成分是核蛋白，外表是蛋白质壳，里面装有核酸。它寄生于细胞中，离开了细胞就没有生命表现。

由于病毒的结构和组分简单，有些病毒又易于培养和定量，因此从20世纪40年代后，病毒始终是分子生物学研究的重要材料。此后，大多数能够感染动物、植物或细菌的病毒在这数十年间被发现。1983年，法国巴斯德研究院的蒙塔尼和他的同事弗朗索瓦丝首次分离得到了一种攻击人体免疫系统，使人体成为各种疾病载体的病毒——艾滋病毒。他们二人因此荣获了2008年的诺贝尔生理学与医学奖。

病毒的研究对防治人类、植物和动物的疾病作出了重要贡献。如病毒疫苗的发展，利用昆虫病毒作为杀虫剂等。其实病毒也并非一无是处，它在人类生存和进化的过程当中扮演了不同寻常的角色，人和脊椎动物直接从病毒那里获得了100多种基因，而且人类自身复制DNA的酶系统，也来自于病毒。

学科展望

随着人类对病毒感染过程认识的不断加深，再加上已经掌握的大量基因技术，一些科学家认为，病毒是攻击癌症细胞最理想的生物武器。因为它们最擅长的就是杀死细胞。此外，科学家们已经不再需要依赖自然界的病毒，而可以对其进行改造，进而造福人类。

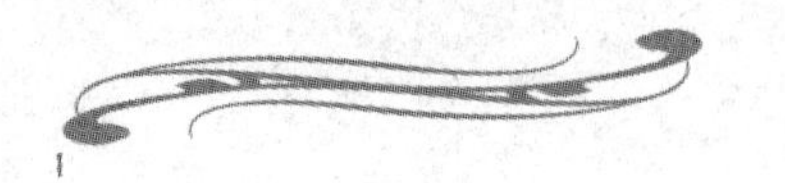

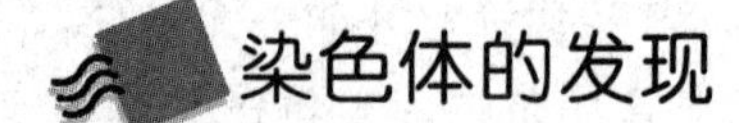

染色体的发现

染色体是存在于细胞核中能被碱性染料染色的丝状或棒状体，细胞分裂时可观察到，由核酸和蛋白质组成，是遗传的主要物质基础。婴儿的性别即决定于染色体。

染色体的发现经历了一段漫长的过程。早在19世纪中叶，生物学家们在显微镜下，就已经观察到了细胞里有细胞核。而且，令人振奋的是如果把一个细胞分成两半，一半有完整的细胞核，一半没有细胞核，同时，可以发现有细胞核的那一半能够生长分裂，而没有细胞核的那一半就不行了。令人遗憾的是，由于细胞基本上是透明的，即使是在显微镜下也不大容易看清它的精细结构，所以在很长一段时间内，人们都没有弄清楚细胞核分裂的机理。

当科学发展到了1879年，一位叫弗莱明的德国生物学家发现，利用碱性苯胺染料可以把细胞核里一种物质染成深色，这种物质称作染色质。1882年，弗莱明更加详细地描述了细胞分裂过程。1888年，染色质丝被称作染色体。人们发现，各种生物的染色体数目是恒定的。在多细胞生物的体细胞中，染色体的数目总是复数。例如，人的体细胞染色体数目为46，果蝇为8，玉米为20等。其中，具有相同形状的染色体又总是成对存在着。因此，人的染色体为23对，果蝇为4对，玉米为10对。追溯每一对染色体的来源，其中一个来自精子，一个来自卵子。成对的染色体互为同染色体。细胞中成对染色体一般说来是相似的，但有一个例外，就是性染色体。人有23对染色体，其中22对男女都一样，称为常染色体。另一对男女不一样，就是性染色体。女人的一对性染色体，形态相似，称为X染色体。男人的一对性染色体，一个为X染色体，另一个为Y染色体。XX为女性，XY为男性。

1903年，美国生物学家萨顿最早发现了染色体行为和孟德尔因子的分离组合之间存在着平行关系。首先每条染色体有一定的形态，在连续的世代中保持稳定，每对基因在杂交中保持它们的完整性和独立性。其次，染色体成对存在，基因也成对存在；在配子中，每对同源染色体只有其中一条，每对等位基因也只有一个。再次，不同的等位基因在配子形成时是独立分配的，不同对染色体在减数分裂后期的分离也是独立的。1906年，英国生物学家本特森在几种植物中发现了几个“连锁群”，但他拒绝接受染色体学说，而是固执地认为，基因的物质基础在细胞结构中没有任何直接的证据。

20世纪初，摩尔根对果蝇的研究，在遗传因子和染色体方面取得了令世人震惊的重大进展。摩尔根发现，代表生物遗传秘密的基因的确存在于生殖细胞的染色体上。而且，他还发现，基因在每条染色体内是直线排列的。染色体可以自由组合，而排在一条染色体上的基因是不能自由组合的。摩尔根把这种特点称为基因的“连锁”。摩尔根在长期的试验中还发现，由于同源染色体的断离与结合，而产生了基因的互相交换。不过交换的情况很少，只占1%。连锁和交换定律，是摩尔根发现的遗传第三定律。

摩尔根于20世纪20年代创立了著名的基因学说，揭示了基因是组成染色体的遗传单位，它能控制遗传性状的发育，也是突变、重组、交换的基本单位。

学科展望

最近，有科学家研究发现：Y染色体比X染色体的演化速度快得多，这将导致Y染色体上的基因急剧丢失。从3亿年前到现在，人类Y染色体的1 438个基因已失去1 393个。照此速度，再过1 500万年，Y染色体将失去最后45个基因。Y染色体消失，人类的传宗接代将受到威胁。

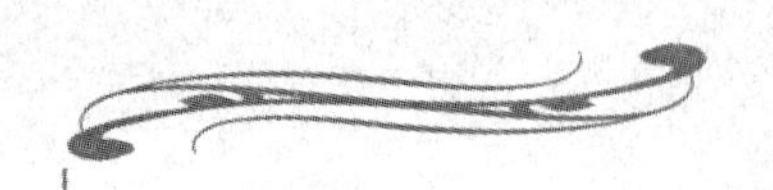

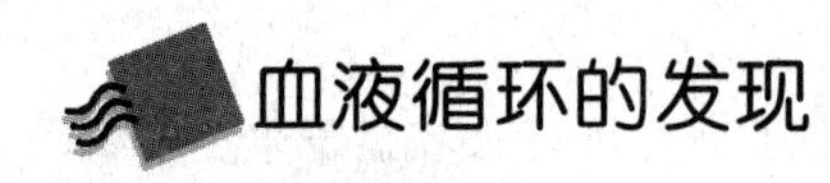

血液循环的发现

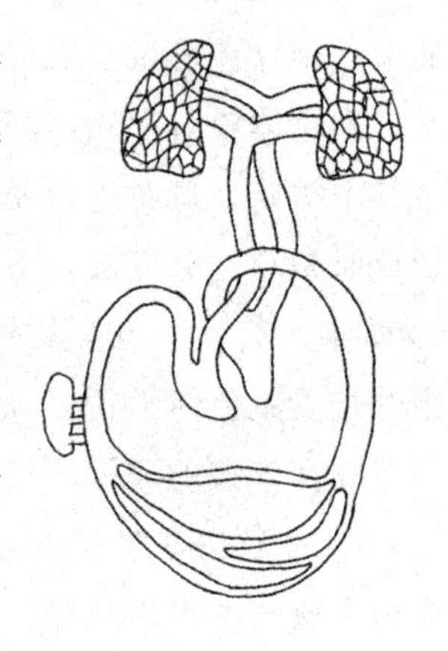

我们知道，血液是生命之流，它可以把营养物质输送到全身各处，并将人体内的废物收集起来，排出体外。但人体内的血液是怎样流通的呢？几千年来人们一直在不断地探索、寻找。

古希腊的医生虽然知道心脏与血管的联系，但是他们认为动脉内充满了由肺进入的空气。因为他们解剖的尸体中动脉中的血液都已流到静脉，动脉是空的。2世纪时古罗马医生盖伦解剖活动物，将一段动脉的上下两端结扎，然后剖开这段动脉，发现其中充满了血液，从而纠正了古希腊传下来的错误看法。盖伦认为，从消化管吸收的食物经门静脉运送到肝脏，在肝中转变成血液。血液由腔静脉进入右心，一部分通过纵中隔上无数看不见的小孔由右心室进入左心室。心脏舒张时，通过肺静脉将空气从肺吸入左心室，与血液混合，再经过心脏中由上帝赐给的热的作用，使左心室的血液充满着生命精气。这种血液沿着动脉涌向身体各部分，使各部分能执行生命机能，然后又退回左心室，如同涨潮和退潮一样往复运动。右心室中的血液则经过静脉涌到身体各部分提供营养物质，再退回右心室，也像潮水一样运动。

16世纪中叶，比利时医生维萨里经过尸体解剖发现，心脏的中膈很厚，没有可见的孔道，盖伦关于左心室与右心室之间有小孔相通的观点是错误的。维萨里以大无畏的精神违反当时教会的禁令，向盖伦的理论提出了挑战，在1543年出版了《人体的构造》一书。后来他受到教会迫害，结果不明不白地死于流放途中。此后，维萨里在巴黎大学读书时结交的好友西班牙医生塞尔维特继续进行科学实验。他发现，血液从右心室经肺动脉进入肺，再由肺静脉返回左心室，这一发现被称为“肺循环”。可以说，塞尔维特在发现血液循环的道路上迈出了第一步。1553年，塞尔维特秘密出版了《基督教的复兴》一书，用6页的篇幅阐述了自己的发现，这触犯了当时被教会奉为权威的盖伦学说。1553年10月27日，年仅42岁的塞尔维特被宗教法庭判处火刑，活活烧死。

尽管通向真理的道路如此坎坷不平、荆棘丛生，可仍有为寻找真理而不怕艰难、不怕死亡的追求者。

1628年，哈维发表了《动物心脏及血液运动的解剖学研究》，系统地总结了他所发现的血液循环运动的规律及其实验依据。哈维认为：血液从左心室流出，经过主动脉流经全身各处，然后由腔静脉流入右心室，经肺循环再回到左心室。人体内的血液是循环不息地流动着的，这是心脏搏动所产生的作用。

哈维发现了血液循环，但是在当时的条件下，他还是为人们留下了一个没有解答的谜，那就是血液是怎样从动脉流回静脉去的呢？哈维猜想，在动脉和静脉之间一定有一个肉眼看不见的起连接作用的血管网。由于当时没有显微镜，因此无法证实这一假说。1661年，在哈维去世4年后，这个谜终于由意大利科学家马尔比基揭开了。他用显微镜观察到青蛙肺部动、静脉之间的毛细血管，正是这些微细血管把动脉和静脉连接成一个密封管道，使血液在其中循环不息，从而完全证明了哈维的正确推断。至此，科学的血液循环理论终告完成。

血液循环的主要功能是完成体内的物质运输。血液循环一旦停止，体内一些重要器官的结构和功能将受到损害，尤其是对缺氧敏感的大脑皮层，只要大脑中血液循环停止3～10分钟，人就丧失意识；血液循环停止4～5分钟，半数以上的人发生永久性的脑损害；停止10分钟，即使不是全部智力毁掉，也会毁掉绝大部分。

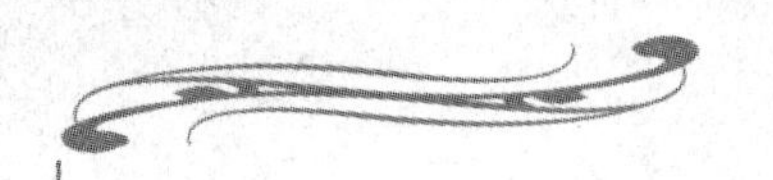

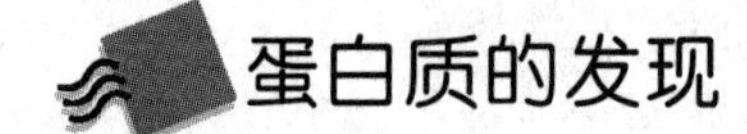

蛋白质的发现

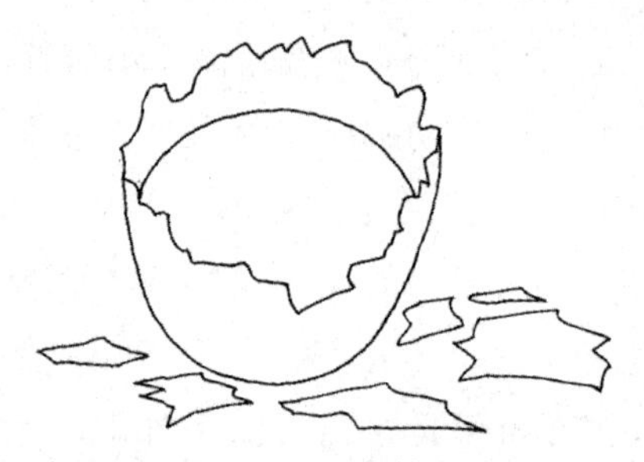

蛋白质是一切生命的物质基础。人体的每个组织：毛发、皮肤、肌肉、骨骼、内脏、大脑、血液、神经、内分泌等都是由蛋白质组成的。生命的产生、存在和消亡，无一不与蛋白质有关。蛋白质对人类的重要意义是怎么被发现的呢?

在研究生命物质的初期，化学家们就发现了一类性质奇特的物质。在加热时，这类物质由液态变为固态，而不是由固态变为液态。蛋清、奶里面的酪蛋白和血液里的球蛋白，就是呈现这种特性的物质。1777 年，法国化学家麦夸尔把所有加热后凝固的物质归为特殊的一类，称之为蛋白物质。当 19 世纪的有机化学家们着手分析蛋白物质的时候，发现这些化合物比其他有机分子复杂得多。1839 年，荷兰化学家马尔德认为，蛋白物质的基本成分是碳、氢、氧、氮，他还给了一个基本分子式。马尔德把这个根本的式子叫作蛋白质。这个词是由希腊语转化来的，意思是“头等重要的”。当时使用这个词，大概只是为了表明这个基本式子在决定蛋白质的结构方面是头等重要的，但是后来事物发展的结果证明用这个词来表示这些物质非常贴切。自从知道了蛋白质以后，人们很快就发现了蛋白质对于生命的重要意义。1842 年，著名的德国化学家李比希证实，对于生命来说蛋白质的作用甚至比碳水化合物或脂肪更为重要：蛋白质不仅供给碳、氢、氧，而且供给碳水化合物或脂肪中所没有的氮和硫，还经常供给磷。

现在我们已经知道，蛋白质占人体重量的 16.3%，没有蛋白质就没有生命。人体内蛋白质的种类很多，性质、功能各异，但都是由 20 多种氨基酸按不同比例组合而成的，并在体内不断进行代谢与更新。被食入的蛋白质在体内经过消化分解成氨基酸，吸收后在体内主要用于重新按一定比例组合成人体蛋白质，同时新的蛋白质又在不断代谢与分解，时刻处于动态平衡中。因此，食物蛋白质的质和量、各种氨基酸的比例，关系到人体蛋白质合成的量，尤其是青少年的生长发育、孕产妇的优生优育、老年人的健康长寿，都与膳食中蛋白质的量有着密切的关系。

蛋白质被认为是“生命的载体”，是人类生活中不可缺少的物质。科学家们现在正在开发一种新颖的高蛋白质营养食品——菌蛋白。这种菌蛋白是用微生物世界里的一批真菌——霉菌——制成的。新的原料是淀粉，经生化反应制成葡萄糖，然后再转化为菌蛋白。如果在菌蛋白内加进各种香料，就能仿制成各种不同的食品。如菌蛋白制作的鸡肉、鱼丸、午餐肉、火腿等食品，味道鲜美，其色香味几乎可乱真，而且价格较真品便宜。其营养价值经化验分析，证明较真品有过之而无不及。到这种食品广泛上市时，大可不必怕买到假鸡肉、鱼丸等，因为假的比真的还好。

菌蛋白的蛋白质含量高达万分之四十四，几乎不含脂肪，也不含胆固醇，而纤维素的含量与全麦面包一样。最令人感兴趣的是，长期食用它，不会引起人体胆固醇增加，因此，菌蛋白是一种对人体健康大有裨益的高蛋白营养食品。食品和营养学家们认为，新颖的高蛋白营养食品——菌蛋白——的问世，将给人类的传统食品产生极为深远的影响。

学科展望

2004 年，日本研究人员在黄果蝇身上发现了一种长寿蛋白质。研究人员在老鼠身上进行了多次试验，这些服用过该种蛋白质的老鼠比其他老鼠寿命高出 5%～10%，而且它们在死亡前一直保持旺盛的精力。这一研究成果使人们把寻找长生不老药的梦想又向现实拉近了一步。

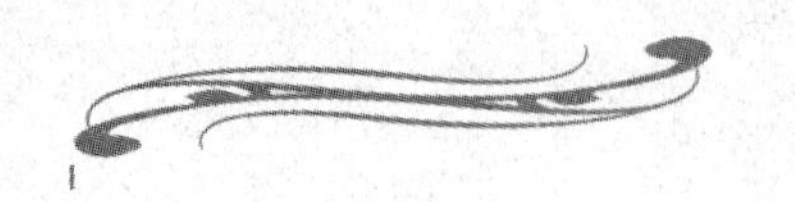

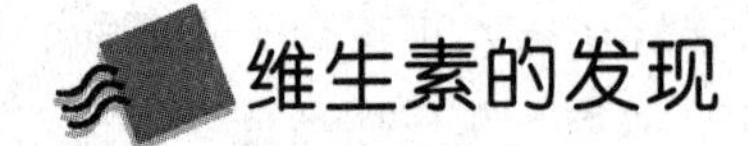

维生素的发现

维生素是维持人体正常生理功能必需的一类有机化合物，它既不是构成人体组织的原料，也不是能量来源。人们对它的需要量很小，但它却是机体正常活动必需的营养素，必须从食物中获得，因为人体不能合成它。机体一旦缺乏某种维生素，就会导致新陈代谢某些环节的障碍，影响正常生理功能，甚至引起特殊的疾病，危及生命。

人类对维生素的认识，经历了一个漫长的发展阶段。最早研究维生素的科学家，要属俄罗斯的鲁宁了。那时，世界上还没有维生素这个名字，人们也不知道维生素是什么，只知道人和动物是需要营养的，离开了糖、蛋白质、脂肪、矿物质、水这五大营养素人就不能活着。1880 年，鲁宁开始做一个有意思的营养实验。他把两组老鼠分别放在两只笼子里，给它们喂相同的食物包括肉、大米、盐和水。不同的是：第一组喂的是带壳的谷子，第二组喂的是精细大米。鲁宁认为，第二组应该比第一组长得好，因为吃的“高级”。但是实验结果却出乎意料，吃粗粮的老鼠健康活泼，可以繁殖后代；而吃精制食物的老鼠却无精打采、四肢无力，几周后陆续死去。鲁宁不相信实验的结果，把这个实验重复了很多次，但结果却一模一样。精米为什么反而导致老鼠死亡？粗粮里有什么神奇的物质使得老鼠保持健康？他产生了疑问。在以后的日子里，他反复检查了实验的各个环节，并没有发现致病细菌，没有任何资料可以解释这个奇怪的结果，他陷入了困惑。

一天深夜，鲁宁看着实验室里的老鼠，一个笼子里活泼乱跳，追逐游戏，另一个笼子里全身痉挛，眼屎靡靡，喘息艰难，心情烦乱的他不小心把手里的牛奶泼进了奄奄一息的老鼠待的笼子里。第二天，他回到实验室，令他惊讶的是，奄奄一息的老鼠全部都活着，而且有的还竖起了耳朵，精神多了。为什么这次它们活了？难道就是因为那瓶碰翻的牛奶？于是他又给它们喂了更多的牛奶，不久这些老鼠和正常的老鼠一样了。经过多次的重复对比实验，他推测牛奶中有一种生命必需的物质，如果人类缺乏就会导致死亡。随后，不同的科学家开始重复鲁宁的实验，有人用猩猩和猴子代替老鼠，发现水果也是动物不可缺少的东西；有人发现米糠中存在一种人类和动物都不可缺少的成分。10 年以后，荷兰科学家培凯哈林通过实验认为，食物的营养价值不仅仅是食物中的糖、脂肪、蛋白质、矿物质和水，还存在另外一种重要的成分。

1911 年，波兰科学家芬克在研究脚气病的时候发现食物中抗脚气病物质可能是一种“胺”。他由此推测，有一系列维持生命和健康所必需的胺。拉丁文中“生命”一词是“维他”，芬克将它与英语的“胺”这个字拼合起来，把这些物质命名为“维他胺”，意为“维持生命的胺”。后来，人们发现这些物质并不都是胺，于是做了适当的改动，去掉了词尾字母，使它和胺的字形不完全相符，一直沿用至今，我们称它为“维他命”或“维生素”。

维生素与蛋白质、脂肪、碳水化合物、矿物质、水和膳食纤维合称为人体需要的七大基本营养素。它的发现改变了人类的饮食方式，也改变了人们对疾病的认识，避免了众多维生素缺乏症的困扰。所以说，维生素的发现是生物史上一个重要的里程碑。

科学家按发现时间的早晚、化学性质特点和生理作用的差异给维生素排出了族谱，分别用维生素 A，B，C，D……来排序，为了区分同一类维生素的不同功用，有的还加了下标，如 B_1，B_2……B_{12}。现在人们已知的维生素已超过一百种，加上人工合成的各种衍生物，已达上千种。

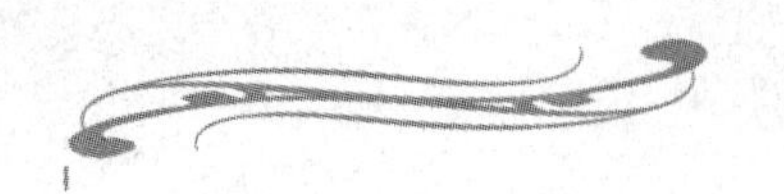

激素的发现

激素亦称荷尔蒙，希腊文原意为“奋起活动”，是内分泌腺分泌的物质。激素直接进入血液分布到全身，对机体的代谢、生长、发育和繁殖等起重要调节作用。

早在1888年，俄国著名的生理学家巴甫洛夫就发现：如果把盐酸放进狗的十二指肠，可以引起胰液分泌明显增加。他认为，这个现象是由于神经反射造成的。可是，实验中切除神经以后，进入十二指肠的盐酸照样能使胰液分泌增加。巴甫洛夫认为是神经没有去除干净的原因。当时还有好几个科学家也发现了类似的现象。但由于他们都拘泥于巴甫洛夫“神经反射”这个传统概念，最终失去了一次发现真理的机会。

年轻的英国生理学家斯塔林对这个问题也怀有极大兴趣，但他思想不保守，不迷信权威，大胆设想，革新实验。1900年，他以崭新的思想方法设计了实验：把一条狗的十二指肠黏膜刮下来，过滤后注射给另一条狗，结果这条狗的胰液分泌量明显增加，无论如何总不能说两条狗之间也有什么神经联系吧。但对这个实验，也有不少人持不同意见，巴甫洛夫就强烈反对。但是斯塔林不畏压力，又经过2年实验，1902年他终于和贝利斯一起证实了激素的存在。他俩在长期的观察中发现，狗进食后，胃便开足马力，把食物磨碎。当食物进入小肠时，胃后边的胰腺马上会分泌出胰液并立刻送到小肠，和磨碎的食物混合起来，进行消化活动。那么，食物到达小肠的消息，胰腺是怎样得到的呢？起初他们以为这个信息是通过神经系统来传递的，但实验结果却对此否定。尽管切除了动物体内的一切通向胰腺的神经，胰腺仍能按时把胰腺液送到小肠。他们又经过两年的仔细观察和研究，终于解开了这个谜。原来，在正常情况下，当食物进入小肠时，由于食物在肠壁摩擦，小肠黏膜就会分泌出一种数量极少的物质进入血液，流送到胰腺，胰腺接到消息后，就立刻分泌出胰腺液来。接着，他们把这种物质提取出来，并注入到哺乳动物的血液中，发现即使这一动物不吃东西，也会立刻分泌出胰液来。于是，他们便把这种物质命名为“促胰液素”。

促胰液素是内分泌学史上一个伟大的发现。它表明，除神经系统外，机体还存在着一个通过化学物质的传递来调节远处器官活动的方式，即体液调节。为了寻找一个新名词来称呼这类“化学信使”，斯塔林于1905年采纳了同事的建议，给这一类数量极少但有特殊生理作用可激起生物体内器官巨大反应的物质起了一个形象生动的名字——激素。

人体内的激素含量都很低，在毫微克的水平，但它们的作用却很大，能够对肌体的代谢产生巨大的影响。激素起作用的部位不是全身普遍的，而是只作用于某些特殊的器官或组织，针对性地发挥作用。所以，这些受其作用的器官或组织，称为“靶器官”或“靶组织”。如果把神经系统比作动物和人体内的有线通信系统，那么能够分泌激素的内分泌系统就好似是无线电信系统，它们都是控制全身的调节系统。

激素对人体健康有很大的影响，缺乏或是过多都会引发各种疾病，例如：生长激素分泌过多就会引起巨人症，分泌过少就会造成侏儒症；而甲状腺素分泌过多就会引发心悸、手汗等症状，分泌过少就易导致肥胖、嗜睡等；胰岛素分泌不足就会导致糖尿病。现在，许多激素制剂以及人工合成产物在医学上有重要用途。

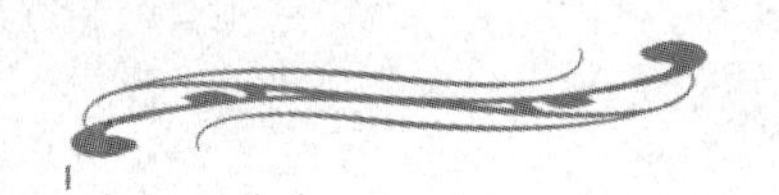

酶的发现

在人体里，每时每刻都在进行着各种不同的化学反应。这些化学反应都相当复杂，并且进行的速度特别快。当我们把每顿饭吃下去后，食物也很快就会被消化掉，这就是一系列化学反应的结果。人体里的化学反应为什么会进行得快些呢？一个重要的原因就是人体中包含有各种不同的催化剂——酶。

酶的催化作用，可以追溯到很久很久以前。人类早就会利用酵母使果汁和粮食转化成酒，人们把果汁和粮食变成酒的过程叫做发酵，酵母制品被称为酵素。后来人们发现，除了酵母以外，其他有机体内也存在着类似发酵过程的分解反应。例如，人和某些动物体的胃肠里就进行着这样的过程。从胃里分泌出来的胃液中含有某种能加速食物分解的物质。1834年，德国科学家施旺把氯化汞加到胃液里，沉淀出一种白色粉末，把粉末里的汞化合物除去以后，再把剩下的粉末物质溶解，他就得到了一种消化液。但是，这种物质却并不是酵母菌分泌出来的，因为在胃液里找不到酵母菌。为了把这种物质与酵母菌分泌出来的酵素分开来，施旺把这种粉末叫做胃蛋白酶。与此同时，法国化学家又从麦芽提取物中发现了另外一种物质，它能使淀粉转变成糖，这就是淀粉糖化酶。

那么酶究竟是一种什么物质呢？在发现酶以后的几十年之中，科学家们一直没有将这个问题解决。科学家们曾想尽办法想从磨碎的酵母液中把酶单独分离出来，但是，谁也没能办到。因为酵母液的成分太复杂了。混在一起的物质很多，酶的含量又非常的少。但是，人们在实验中却发现，只要稍稍加热，酶就“死”了，这一点与蛋白质的特性十分相似，当时，便有人猜测：酶很可能就是蛋白质。

德国的一位化学权威——威尔斯塔特——曾做了这样一个实验：在含有酶的液体中，把他自己认为是蛋白质的东西统统除掉，结果这种液体仍表现出酶的特性，这便说明剩下来的物质还是酶。既然液体中的蛋白质已经全部清除了，剩下来的酶就应该不会是蛋白质。最后他便断言：酶不是蛋白质，而是一种比较简单的化学物质。但究竟是什么物质，他却不愿意进一步做实验。因为威尔斯塔特是诺贝尔奖金获得者，因此在当时很多人都非常相信他。其实，威尔斯塔特的实验是有错误的，实验中他并没有把溶液中的蛋白质全部清除掉，留下来的酶恰恰就是蛋白质，而他根本就不相信酶也是一种蛋白质，因而他得出的结论是错误的。

1926年，美国有一个叫萨姆纳的人，当时在科学界还是一个“无名小卒”，他从刀豆的种子里分离出一种纯的结晶体，然后把这种结晶体放进入尿中去，这时人尿里的尿素便很快就分解成了二氧化碳和氨。萨姆纳发现，它所起的作用和当时已经知道的脲酶一样。经过进一步分析，证明这种结晶体就是脲酶。最后，萨姆纳证明了脲酶确实是一种蛋白质。他用实验结果否定了化学权威威尔斯塔特的实验结论，从而证明了酶就是蛋白质。他因此而获得了1946年的诺贝尔化学奖。

在人体内的一千多种酶中，大家比较熟悉的要数消化酶。人体每日三餐从食物中吃进去许多的蛋白质、脂肪和糖类，但实际上这些东西都不能直接成为建筑身体的原料。它们要一步一步地分解成小分子，这个过程叫水解。在食物水解的过程中，就需要酶参加催化，这种起催化水解作用的酶就是消化酶。

知识链接

酶存在于细胞中。我们知道，人体是由亿万个细胞构成的，因此人的身体上从头发尖到脚趾尖，到处都有酶在活动。细胞是酶的家，也是制造酶的地方，细胞中蛋白质制造厂的主要产品就是酶。在人体内的很多化学变化中，酶的需要量很少，然而催化效率却极高，大约是化学催化剂的10万亿倍。

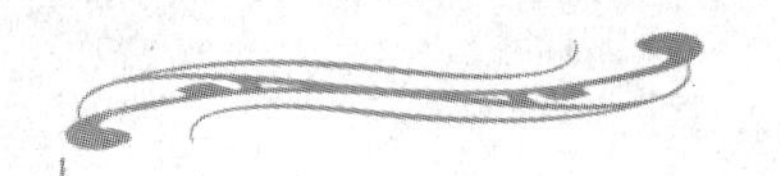

“滴血认亲”与“DNA判官”

亲子鉴定也称亲权鉴定，是指用医学及人类学等学科理论和技术判断有争议的父母与子女是否存在亲生血缘关系，因常与财产继承权、子女抚养责任有关，故有此称谓。

“亲子鉴定”的概念古已有之。由于中国传统伦理对血缘的重视，“滴血认亲”的事情很早就已经出现了。古代“滴血认亲”的方法分为两种：一种叫滴骨法，另一种叫合血法。滴骨法早在三国时期就有实例记载，是指将活人的血滴在死人的骨头上，观察是否渗入，如能渗入则表示有父母子女兄弟等血统关系；合血法大约出现在明代，是指双方都是活人时，将两人刺出的血滴在器皿内，看是否凝为一体，如凝为一体就说明存在亲子兄弟关系。

滴骨验亲和合血法，按现代法医学理论分析，都缺乏科学依据。骨骼无论保存在露天，还是埋藏在泥土中，经过较长时间，一般情况下软组织都会经过腐败完全溶解消失，毛发、指（趾）甲脱落，最后仅剩下白骨化骨骼。白骨化了的骨骼，表层常腐蚀发酥，滴注任何人的血液都会浸入。而如果骨骼未干枯，结构完整、表面还存有软组织时，滴注任何人的血液都不会发生浸入的现象。对于活体，如果将几个人的血液共同滴注入同一器皿，不久都会凝合为一。

随着科学的发展，亲子鉴定的手段越来越多，结果也越来越准确。现代的“滴血认亲”是根据孟德尔遗传定律进行的。

1865年，奥地利免疫遗传学创始人孟德尔通过近十年的观察与实验，提出了“一个因子决定一个性状”的假说。他认为生物的一切性状都是由遗传因子支配的，身体细胞因子是成双的，在配子细胞中因子则减成单数，当雌雄配子结合时，因子又恢复成双数。生物在传代过程中，各个因子都能独立分离和自由结合。1926 年，美国学者摩尔根首次提出染色体遗传学理论并发现连锁交换率。随着分子生物学的发展，当代科学家揭示出所谓的因子就是 DNA（脱氧核糖核酸）上的一个个片段，即人类的基因。人类 DNA 上的遗传标记具有高度多态性，从理论上讲，除单卵多胎的孪生子外，全世界 60 亿人的遗传标记各不相同，但有血缘关系的亲属间却有部分相同，而子女的遗传标记是一半来自父亲，一半来自母亲，通过分析三者的遗传标记，就可以鉴定他们之间是否有亲属关系。

现代医学起初采用红细胞血型进行亲子鉴定，但此法只能否定，不能肯定，准确率不高。到了 20 世纪 70 年代，人类的白细胞血型亲子鉴定在世界普遍采用，准确性达到了 80%。

DNA 技术是 1985 年由美国学者默里斯等发明的，准确率几近 100%。DNA 是人的遗传物质，其多态性有 200 多种，且终身不变。因此，将有争议的父、母、子的 DNA 特征进行比较，就可以确定他们之间是否有亲缘关系。由于它的高度特异性和稳定性可与指纹相媲美，故称为“人类 DNA 指纹”。可以说，除了同卵孪生外，实际上没有两个人的 DNA 指纹图案是完全相同的。由于 DNA 技术科学、公正、准确，在法医认证、计划生育、移民公证等方面往往起到一锤定音的作用，因此人们把它称为“DNA 判官”。

知识链接

利用 DNA 进行亲子鉴定，只要作十几至几十个 DNA 位点检测，如果全部一样，就可以确定亲子关系；如果有 3 个以上的位点不同，则可排除亲子关系；有一两个位点不同，则应考虑基因突变的可能，加做一些位点的检测进行辨别。现在，利用 DNA 技术进行亲子鉴定，否定亲子关系的准确率几近 100%，肯定亲子关系的准确率可达到 99.99%。